"十二五"高等职业教育机电类专业规划教材

# 电工基本技能

主　编　张化龙　姚建岭

副主编　刘天华

参　编　秦　巍　杨志博　程厚强

　　　　苏子民　常　笑　龙艳萍

U0310442

中国铁道出版社

CHINA RAILWAY PUBLISHING HOUSE

## 内 容 简 介

本书共有 4 个模块，分为 18 个课题。在安全用电模块中，介绍了电能的产生与分配知识、安全用电常识、预防触电的措施、触电急救及电气消防知识；在电工基本操作模块中，介绍了常用电工工具的使用方法、导线连接和绝缘恢复的方法等内容；在室内线路安装与维护模块中，介绍了室内布线的要求、方式、步骤，以及开关、插座、灯具的安装技能；在电子焊接技能训练模块中，介绍了二极管、晶体管的基本知识及电子焊接知识。各课题均附有习题，部分内容做了知识拓展。

本书适合作为高等职业院校电气自动化技术、机电一体化技术等专业及机电类相关专业的教材，也可作为技能鉴定的培训教材。

**图书在版编目（CIP）数据**

电工基本技能/张化龙，姚建岭主编. —北京：中国
铁道出版社，2014.1
"十二五"高等职业教育机电类专业规划教材
ISBN 978-7-113-17575-7

Ⅰ．①电… Ⅱ．①张… ②姚… Ⅲ．①电工技
术–高等职业教育–教材 Ⅳ．①TM

中国版本图书馆 CIP 数据核字（2013）第 257384 号

书　　名：电工基本技能
作　　者：张化龙　姚建岭　主编

策　　划：何红艳　　　　　　　　　　读者热线：400–668–0820

责任编辑：何红艳　彭立辉
封面设计：付　巍
封面制作：白　雪
责任印制：李　佳

出版发行：中国铁道出版社（100054，北京市西城区右安门西街 8 号）
网　　址：http://www.51eds.com
印　　刷：北京新魏印刷厂
版　　次：2014 年 1 月第 1 版　　2014 年 1 月第 1 次印刷
开　　本：787 mm×1 092 mm　1/16　印张：8.75　字数：209 千
印　　数：1~3 000 册
书　　号：ISBN 978-7-113-17575-7
定　　价：18.00 元

本书以实际操作能力学习为目的，注重培养学生独立运用所学知识，分析、解决后续课程及实际生产生活中的电气问题，成为解决实际问题、满足生产一线的应用型高技能人才。

本书总结职业教育经验，以职业能力培养为主线，同时兼顾职业资格鉴定标准，内容的编排上由易到难、循序渐进，注重连贯性、衔接性；力求在实训步骤上深入浅出、清楚明白；牢固树立"一体化"教学思想，在注重理论教学的同时，把培养学生动手能力贯穿教材始终，以大量实际操作图片配合简练的语言使教材的内容更加符合学生的认知规律。本书具备较高的理论和技术含量，具有基础宽、技能精、针对性强、理论与实践联系紧密的特点，方便学生后续课程的学习。

全书共有 4 个模块，分为了 18 个课题。模块一是安全用电基本知识，包括电能产生、输送及分配，用电安全、触电方式及预防措施，触电急救及电气消防知识；模块二介绍了电工工具知识、导线连接及电工材料的相关技能知识；模块三介绍了室内照明电路的常用配线方式、安装要求及步骤；模块四介绍了常用电子元器件的识别与测试，典型电子线路的焊接知识。每个模块基本上由学习目标、学习内容、技能训练及巩固提高四部分组成，个别课题还增加了知识拓展及安全提示等内容。

本书以能力培养为核心，以实践教学为主，理论教学为辅，突出理论与实践相结合。基础知识的教学以必需、够用为原则，以掌握概念、强化应用为教学重点，注重岗位能力培养，在保证基本知识点讲解的同时，强化"突出基本概念，注重技能训练，强调理论联系实际，加强实践性教学环节"的理念，贯彻一体化教学思想。

本书由张化龙、姚建岭任主编，刘天华任副主编。具体编写分工：模块一由程厚强、苏子民编写；模块二由杨志博、秦巍编写；模块三由张化龙、刘天华编写；模块四由龙艳萍、常笑编写。全书由姚建岭和张化龙负责统稿。

本书在编写过程中，得到了许多学者、教师、企业专家的帮助，在此表示感谢。

由于时间仓促，编者水平有限，书中难免存在不妥与疏漏之处，恳请广大师生和读者在使用过程中提出宝贵意见。

编 者
2013 年 12 月

CONTENTS | **目　录**

# 模块一 安全用电

电力是国家建设和人民生活的重要物质基础。随着中国改革开放的不断深化，电力事业的发展蒸蒸日上，《中国能源发展报告》（2012 年 9 月 1 日）报告显示，发电总装机容量为 10.6 亿千瓦，遍布城乡的电力网为四个现代化建设提供了源源不断的动力，成为当今社会最广泛应用的能源。电力的发展为国民经济的腾飞创造了先决条件，各种用电设备及家用电器迅速增加，电能的应用已普及到城乡的各个领域。

电能具有环保、安全、便捷的优势，当今社会更是离不开电，人们每天都在与电打交道，如照明、家用电器、电梯、计算机、工业生产等都需要用电。

那么电能是怎样产生、传输并分配到每家每户的？我们怎样才能用好和管理好电呢？

通过本模块的学习，学生将对电有初步的认识，达到安全用电和正确用电的目的。

## 课题一　电能的生产、输送和分配

### 学习目标

◆ 了解电能的产生方式。
◆ 掌握电能的输送方法及基本变配电知识。

### 学习内容

由于电能不能大量储存，电能的生产、传输、分配和使用就必须在同一时间内完成。这就需要将发电厂发出的电能通过输电线路、配电线路和变电所配送，将发电厂、输配电线路和用电设备有机地连成一个"整体"。通常将这个由发电、变电、输电、配电和用电 5 个环节组成的"整体"称为电力系统，如图 1-1-1 所示。

### 一、电能的生产

电能是由煤炭、石油、水力、核能、太阳能和风能等一次能源通过各种转换装置而获得的二次能源。目前，世界各国电能的生产主要采用的发电方式如表 1-1-1 所示。

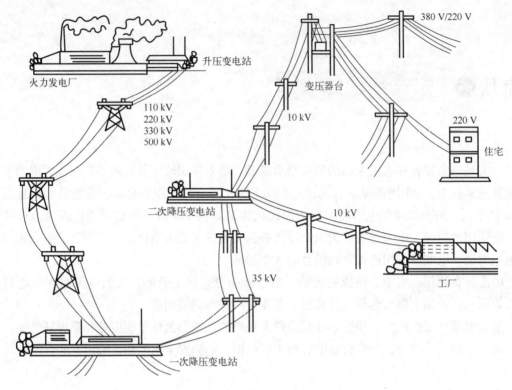

图 1-1-1 电力系统示意图

表 1-1-1 电能产生的方式

| 类 型 | 说 明 | 特 点 | 图 示 |
|---|---|---|---|
| 火力发电 | 利用煤炭、石油燃烧后产生的热量来加热水，使之成为高温、高压蒸汽，再用蒸汽推动汽轮机旋转并带动三相交流同步发电机发电 | 火力发电的优点是建厂速度快，投资成本相对较低。缺点是消耗大量的燃料，发电成本较高，对环境污染较为严重。目前中国及世界上绝大多数国家仍以火力发电为主 |  |
| 水力发电 | 利用水流的势能来发电，即用水流的落差及流量去推动水轮机旋转并带动三相交流同步发电机发电 | 水力发电的优点是发电成本低，不存在环境污染问题，并可以实现水利的综合利用。缺点是一次性投资大，建站时间长，而且受自然条件的影响较大 |  |
| 核能发电 | 利用原子核裂变时释放出来的巨大能量来加热水，使之成为高温、高压蒸汽，再用蒸汽推动汽轮机带动三相交流同步发电机发电 | 核能发电消耗的燃料少，发电成本较低，但建站难度大、投资高、周期长。全世界目前核能发电量约占总发电量的20%，其中法国最高，约占本国总发电量的80% |  |

此外，还可利用太阳能、风力、地热等能源发电。它们都是清洁能源，不污染环境，有

很好的开发前景。中国的西北及广东等沿海地区风力资源丰富，近年来国家正加大投入并积极利用外资进行开发，已取得了较好的经济效益和社会效益。

## 二、电能的输送与分配

电力系统中连接发电厂和用户的中间环节称为电力网，它由各种电压等级的输配电线路和变电所组成。电力网按其功能可分为输电网和配电网。输电网是电力系统的主网，它是由 35 kV 及以上的输电线和变电所组成，其作用是将电能输送到各地区配电网或直接输送给大型企业用户。配电网是由 10 kV 及其以下的配电线路和配电变压器组成，其作用是将电能送至各类用户。

### 1. 输电线路

采用高压、超高压远距离输电是各国普遍采用的途径。在传输容量相同的条件下，高电压输电能减少输电电流，从而减少电能损耗。送电距离愈远，要求输电线的电压愈高。目前，中国国家标准中规定的输电电压等级有 35 kV、66 kV、110 kV、220 kV、330 kV、500 kV 等多种。输送电能通常采用三相三线制交流输电方式。随着电能输送的距离愈来愈长，输送的电压也愈来愈高，中国已采用高压直流输电方式，把交流电转化成直流电后再进行输送。

电力输电线路一般都采用钢芯铝绞线，通过架空线路，把电能送到远方的变电所。但在跨越江河和通过闹市区以及不允许采用架空线路的区域，则需要采用绝缘电缆线路。绝缘电缆线路投资较大且维护困难。

### 2. 变电与配电

当高压电送到工厂以后，由工厂的变、配电站进行变电和配电。变电是指变换电压的等级；配电是指电力的分配。变电分输电电压的变换和配电电压的变换，完成前者任务的称为变电站或变电所，完成后者任务的称为变配电站或变配电所。如果只具备配电功能而无变电设备则称为配电站或配电所。大、中型工厂都有自己的变、配电站。每小时耗电量在 1 000 kW·h（1000 度）以下的工厂、企业等用电部门，一般只需要一个低压配电室即可。

在配电过程中，通常把动力用电和照明用电分别配电，即把各动力配电线路和照明配电线路分开，这样可缩小局部故障带来的影响。

供电部门在向用户供电时，将根据用户负荷的重要性、用电的需求量及供电条件等诸多因素确定供电的方式，以保证供电质量。

**巩固提高**

（1）产生电能的方式有哪几种？各有什么优点与缺点？

（2）采用高压输电的意义是什么？

# 课题二　维修电工基本安全知识

**学习目标**

◆ 掌握电气工作人员的职责、从业条件。

◆ 掌握人身及设备安全知识。

 学习内容

凡从事电气工作的人员，无论他是从事发电、变配电工程，还是从事供用电设备、线路的运行或维修，都必须具备职业的基本条件。

### 一、电气工作人员的职责

电气工作人员的职责是运用自己掌握的专业知识和技能，勤奋工作，防止、避免和减少电气事故的发生，保障电气线路和电气设备的安全运行及人身安全，不断提高生产效率供电水平和安全用电水平。

### 二、电气工作人员的从业条件

（1）身体健康、精神正常。经医师鉴定，无妨碍电气工作的病症。凡有高血压、心脏病、气喘病、癫痫、神经系统疾病、色盲，或者听力障碍、四肢功能有严重障碍者，不得从事维修电工工作。这是由电气工作的特殊性（技术性强，危险性大）所决定的。

（2）电气工作人员应具备必要的电工理论知识和专业技能及其相关的知识与技能，考取电工国家职业资格证书，并持有电工操作证。

（3）电气工作人员必须掌握触电急救知识。

### 三、电工人身安全知识

（1）在进行电气设备安装和维修操作时，必须严格遵守各种安全操作规程和规定，不得玩忽职守。

（2）操作时要严格遵守停电操作的规定，要切实做好防止突然送电时的各项安全措施，如挂上"禁止合闸，有人工作！"的警示牌，锁上闸刀或取下总电源保险器等。不准约定时间送电。

（3）在邻近带电部分操作时，要保证有可靠的安全距离。

（4）操作前应仔细检查操作工具的绝缘性能，即绝缘鞋、绝缘手套等安全用具的绝缘性能是否良好，若有问题应立即更换，并应定期进行检查。

（5）登高工具必须安全可靠，未经登高训练的，不准进行登高作业。

（6）如发现有人触电，要立即采取正确的抢救措施。

### 四、设备运行安全知识

（1）对于已经出现故障的电气设备、装置及线路，不应继续使用，以免事故扩大，必须及时进行检修。

（2）必须严格按照设备操作规程进行操作，接通电源时必须先合上隔离开关，再合负荷开关；断开电源时，应先切断负荷开关，再切断隔离开关。

（3）当需要切断故障区域电源时，要尽量缩小停电范围。有分路开关的，要尽量切断故障区域的分路开关，尽量避免越级切断电源。

（4）电气设备一般都不能受潮，要有防止雨雪、水汽侵袭的措施。电气设备在运行时会发热，因此必须保持良好的通风条件，有的还要有防火措施。有裸露带电的设备，特别是高

压电气设备要有防止小动物进入造成短路事故的措施。

（5）所有电气设备的金属外壳都应有可靠的保护接地措施。凡有可能被雷击的电气设备，都要安装防雷设施。

**知识拓展：**

1. 安全用电知识

（1）严禁用一线（相线）一地（指大地）安装用电器具。

（2）在一个插座上不可接过多或功率过大的用电器。

（3）不掌握电气知识和技术的人员，不可安装和拆卸电气设备及线路。

（4）不可用金属丝绑扎电源线。

（5）不可用湿手接触带电的电器，如开关、灯座等，更不可用湿布擦拭电器。

（6）电动机和电气设备上不可放置衣物，不可在电动机上坐立，雨具不可挂在电动机或开关等电器的上方。

（7）堆放和搬运各种物资，安装其他设备，要与带电设备和电源线相距一定的安全距离。

（8）在搬运电钻、电焊机和电炉等可移动电器时，要先切断电源，不允许拖拉电源线来搬移电器。

（9）在潮湿环境中使用可移动电器，必须采用额定电压为 36 V 的低压电器，若采用额定电压为 220 V 的电器，其电源必须采用隔离变压器。在金属容器如锅炉、管道内使用移动电器，一定要用额定电压为 12 V 的低压电器，并要加装临时开关，还要有专人在容器外监护；低电压移动电器应装特殊型号的插头，以防误插入电压较高的插座上。

（10）遇雷雨时，不要走近高电压电杆、铁塔和避雷针的接地导线周围，以防雷电入地时周围存在跨步电压触电；切勿走近断落在地面上的高压电线，万一高压电线断落在身边或已进入跨步电压区域时，要立即用单脚或双脚并拢迅速跳到 10 m 以外的地区，千万不可奔跑，以防跨步电压触电。

2. 文明生产

文明生产是一项十分重要的内容，它影响电工工具的使用及操作技能的发挥，更为重要的是还影响到设备和人身的安全。所以，从开始学习基本操作技能时，就要养成良好的安全文明生产习惯。

（1）进行电气作业时，必须穿工作服，必要时还要佩戴安全帽并穿上绝缘鞋，确保作业安全。

（2）操作时，电工工具应装入工具袋和工具包，并随身携带。公用工具应放入专用的箱内，并放置到指定地点。

（3）导线和各种电器应放在规定的位置，排列应整齐平稳，便于取放。

（4）下班前，应清扫施工场地，清除的废电线和旧电器应堆放在指定地点。

**巩固提高**

（1）电气工作人员的职责是什么？

（2）设备安全运行知识有哪些？

<h1 style="text-align:center">课题三 触电方式</h1>

**学习目标**

◆ 掌握触电及分类方法。
◆ 掌握影响触电危害的因素及安全电压。
◆ 掌握安全标志的知识。

**学习内容**

## 一、触电事故

安全用电的研究对象是人身触电事故和电气设备事故发生的规律及防护对策。

**1. 电气事故案例分析**

电气事故案例分析如表 1-3-1 所示。

表 1-3-1　电气事故案例分析

| 事故原因 | 图　示 | 事故原因 | 图　示 |
|---|---|---|---|
| 私自乱拉、乱接电线；盲目安装、修理电气线路或电器用具 |  | 用手触摸或使用湿布擦拭带电灯具、开关等电器用具 |  |
| 电视机室外天线安装过高（高出楼体避雷针）或距离电力线太近 |  | 洗衣机等家用电器的金属外壳未连接地线 |  |
|  |  | 在电加热设备上覆盖和烘烤衣物 |  |

电气事故的发生会给人们带来很多惨重的伤害，甚至会造成人身伤亡事故。表1-3-1中所列出的仅仅是家庭生活中的个人触电事故，而我们如果在工作生产中不注意安全用电造成电气事故，就会给国家、集体造成了巨大的损失。因此，应该牢牢汲取这些教训，认真学习

电气安全知识，减少和避免电气事故的发生。

**2. 触电**

所谓触电是指电流流过人体时对人体产生的生理和病理伤害。这种伤害是多方面的，可分为电击和电伤两种类型。

（1）电击：由于电流通过人体而造成的内部器官在生理上的反应和病变，是触电事故中后果最严重的一种，绝大部分触电死亡事故都是由电击造成的。通常所说的触电事故，主要是指电击而言。

电击使人致死的原因有三方面：一是流过心脏的电流过大、持续时间过长，引起"心室纤维性颤动"而致死；二是因电流作用使人产生窒息而死亡；三是因电流作用使心脏停止跳动而死亡。研究表明"心室纤维性颤动"致死是最根本、占比例最大的原因。

（2）电伤：指由于电流的热效应、化学效应和机械效应对人体的外表造成的局部伤害，最常见的有以下三种：电灼伤、电烙印、皮肤金属化。

电击和电伤的特征与危害如表 1-3-2 所示。

表 1-3-2　电击与电伤的特征与危害

| 名　　称 | | 特　　征 | 说 明 与 危 害 |
|---|---|---|---|
| 电击 | | 当电流流过人体时造成人体内部器官，如呼吸系统、血液循环系统、中枢神经系统等发生变化，机能紊乱，严重时会导致休克乃至死亡 | 当电流流过人体时造成刺痛、灼热感、痉挛、昏迷、心室颤动或停跳、呼吸困难或停止等现象 |
| 电伤 | 电灼伤 | （1）接触灼伤：发生在高压触电事故时，电流通过人体皮肤的进出口处造成的灼伤<br>（2）电弧灼伤：发生在误操作或过分接近高压带电体，当其产生电弧放电时产生高温造成的灼伤 | 高温电弧可如火焰一样把皮肤烧伤，致使皮肤发红、起泡或烧焦和组织破坏，一般需要治疗的时间较长。电弧还会使眼睛受到严重损害 |
| | 电烙印 | 电烙印发生在人体与带电体有良好接触的情况下。电烙印有时在触电后并不立即出现，而是相隔一段时间后才出现 | 皮肤表面将留下与被接触带电体形状相似的肿块痕迹。电烙印一般不发炎或化脓，但往往造成局部麻木和失去知觉 |
| | 皮肤金属化 | 由于电弧的温度极高（中心温度为 6 000 ～10 000℃），可使周围的金属熔化、蒸发并飞溅到皮肤表层，令皮肤表面变得粗糙坚硬，其色泽与金属种类有关，如灰黄色（铅）、绿色（紫铜）、蓝绿色（黄铜）等 | 金属化后的皮肤经过一段时间后会自行脱落，一般不会留下不良后果 |

此外，人身触电事故往往伴随着高空坠落或摔跌等机械性创伤。这类创伤虽不属于电流对人体的直接伤害，但可谓之触电引起的二次事故，亦应列入电气事故的范畴。

**知识拓展：**

**触电事故的特点**

触电事故的特点是多发性、突发性、季节性、高死亡率并具有行业特征。

触电事故具有多发性。据统计，中国每年因触电而死亡的人数，约占全国各类事故总死亡人数的 10%，仅次于交通事故。随着电气化的发展，生活用电的日益广泛，发生人身触电事故的机会也相应增多。

触电事故具有季节性。从统计资料分析来看 6 ～ 9 月份触电事故多，这是因为夏秋季节多雨潮湿，降低了设备的绝缘性能；人体多汗，皮肤电阻下降，再加上工作服、绝缘鞋和绝缘手套穿戴不齐，所以触电几率大大增加。

触电事故具有行业特征。据国外资料统计，触电事故的死亡率（触电死亡人数占伤亡人数的百分比），在工业部门为40%，在电业部门为30%。工业部门中又以化工、冶金、矿山、建筑等行业的触电死亡率居高。比较起来，触电事故多发生在非专职电工人员身上，而且城市低于农村，高压低于低压。这种情况显然与安全用电知识的普及程度、组织管理水平及安全措施的完善与否有关。

触电事故的发生还具有很大的偶然性和突发性，令人猝不及防。如果延误急救时机，死亡率是很高的。但如防范得当，仍可最大限度地减少事故的发生几率。在触电事故发生后，若能及时采取正确的救护措施，死亡率亦可大大地降低。

## 二、触电方式

人体触电的方式多种多样，主要可分为直接接触触电和间接接触触电两种，如表1-3-3所示。此外，还有高压电场、高频电磁场、静电感应、雷击等也会对人体造成伤害。

表1-3-3　触电方式

| 触电形式 | 触电情况 | 危险程度 | 图示 |
|---|---|---|---|
| 单相触电（变压器低压侧中性点接地） | 电流从一根相线经过电气设备、人体再经大地流到中性点。此时加在人体上的电压是相电压 | 若绝缘良好，一般不会发生触电危险 | 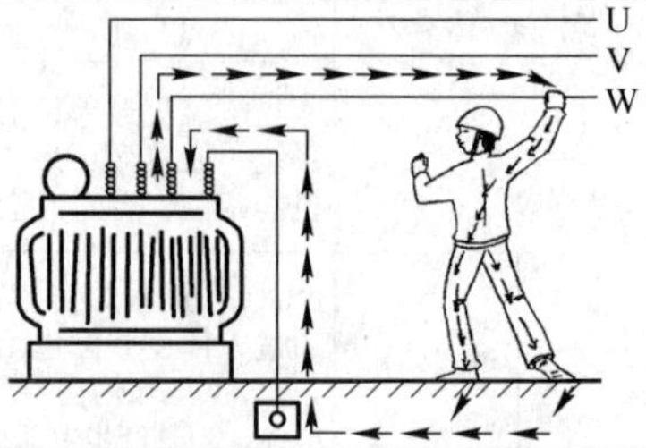 |
| 单相触电（变压器低压侧中性点不接地） | 在1000 V以下，人触到任何一相带电体时，电流经电气设备，通过人体到另外两根相线的对地绝缘电阻和分布电容而形成回路。在6～10 kV高压侧中性点不接地系统中，电压高，所以触电电流大 | 若绝缘被破坏或绝缘很差，就会发生触电事故。触电电流大，几乎是致命的，加上电弧灼伤，情况更为严重 | 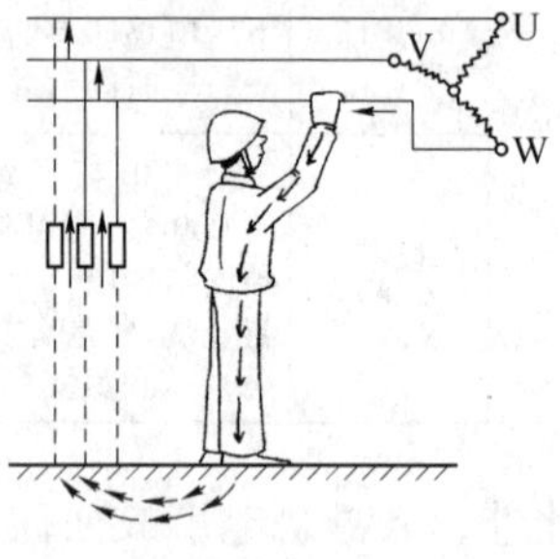 |
| 两相触电 | 电流从一根相线经过人体流至另一根相线 | 由于在电流回路中只有人体电阻，所以两相触电非常危险。触电者即使穿着绝缘鞋或站在绝缘台上也起不到保护作用，非常危险 |  |

| 触电形式 | 触电情况 | 危险程度 | 图　示 |
|---|---|---|---|
| 跨步电压触电 | 电线断线落地或运行中的电气设备因绝缘损坏漏电时，电流经过接地体向大地作半环形流散，并在落地点或接地体周围地面产生强大电场。当有人走过落地点周围时，其两脚之间的电位差称为跨步电压。跨步电压触电时，电流从人的一只脚下身通过另一只脚流入大地形成回路 | 电场强度随着断线落地点距离的增加而减小。距断线点 1 m 范围内，约有 60% 的电压降；距断线点 2～10 m 范围内，约有 24% 的电压降；距断线点 11～20 m 范围内，约有 8% 的电压降 | <br>跨步电压 |

## 三、影响触电伤害程度的因素

通过对触电事故的分析和实验资料表明，触电对人体伤害的程度与表 1-3-4 中的因素有关。

**表 1-3-4　影响触电伤害程度的因素**

| 因　素 | 解　释　说　明 |
|---|---|
| 通过人体电流的大小 | 触电时，通过人体电流的大小是决定人体伤害程度的主要因素之一。通过人体的电流越大，人体的生理反应越强烈，对人体的伤害就越大 |
| 电压的高低 | 人体接触的电压越高，流经人体的电流越大，对人体的伤害就越重。但在触电事例的分析统计中，70% 以上死亡者是在对地电压为 220 V 电压下触电的。而高压虽然危险性更大，但由于人们对高压的戒心，触电死亡的事故反而在 30% 以下 |
| 电流通过人体的持续时间 | 在其他条件都相同的情况下，电流通过人体的持续时间越长，对人体伤害的程度越高。这是因为：（1）通电时间越长，电流在心脏间歇期内通过心脏的可能性越大，因而引起心室颤动的可能性也越大。（2）通电时间越长，对人体组织的破坏越严重，电流的热效应和化学效应将会使人体出汗和组织炭化，从而使得人体电阻逐渐降低，流过人体的电流逐渐增大。（3）通电时间越长，体内能量积累越多，因此引起心室颤动所需的电流也越小 |
| 电流通过人体的途径 | 电流通过人体的任一部位，都可能致人死亡。电流通过心脏、中枢神经（脑部和脊髓）、呼吸系统是最危险的。因此，从左手到前胸是最危险的电流路径，这时心脏、肺部、脊髓等重要器官都处于电路内，很容易引起心室颤动和中枢神经失调而死亡；从右手到脚的途径危险性小些，但会因痉挛而摔伤；从右手到左手的危险性又小些；危险性最小的电流途径是从一只脚到另一只脚，但触电者可能因痉挛而摔倒，导致电流通过全身或二次事故 |
| 电流频率 | 通常，电流的频率不同，触电的伤害程度也不一样。直流电对人体的伤害较轻；30～300 Hz 的交流电危害最大；超过 1 000 Hz，其危险性会显著减小。频率在 20 kHz 以上的交流电对人体已无危害，所以在医疗临床上利用高频电流作理疗，但电压过高的高频电流仍会使人触电致死。冲击电流是作用时间极短的电流，雷电和静电都能产生。冲击电流对人体的伤害程度与冲击放电能量有关，由于作用时间极短暂（以微秒计），数十毫安才能被人体感知 |
| 人体状况 | 人体状况的不同，对同样的电流每个人的生理反应不完全相同。当接触电压一定时，人体电阻越小，流过人体的电流就越大，触电者也就越危险。人体电阻由内部电阻和皮肤电阻组成。影响人体电阻的因素很多，如接触电压、电流途径、持续时间、接触面积、温度、压力、皮肤厚薄及完好程度、潮湿程度等。一般情况下，可按 1 500～2 000 Ω 考虑 |

**知识拓展：**

1. 安全电流

按照人体对电流的生理反应强弱和电流对人体的伤害程度，可将电流分为感知电流、摆脱电流和致命电流 3 种。

（1）感知电流：指引起人体感觉但无有害生理反应的最小电流值。当通过人体的交流电流为 0.6 ～ 1.5 mA 时，触电者便感到微麻和刺痛，这一电流值称为人对电流有感觉的临界值，即感知电流。感知电流的大小因人而异，成年男性的平均感知电流约为 1.1 mA，成年女性约为 0.7 mA。

（2）摆脱电流：人触电后能自主摆脱电源的最大电流，称为摆脱电流。成年男性的平均摆脱电流约为 16 mA，成年女性约为 10 mA。

（3）致命电流：指在较短时间内引起触电者心室颤动而危及生命的最小电流值。致命电流值与通电时间长短有关，一般认为是 50 mA（通电时间在 1 s 以上）。

**2. 人体电阻**

不同条件下的人体电阻如表 1-3-5 所示。

表 1-3-5　不同条件下的人体电阻

| 加于人体上的电压/V | 人 体 电 阻/Ω | | | |
| --- | --- | --- | --- | --- |
| | 皮肤干燥 | 皮肤潮湿 | 皮肤湿润 | 皮肤浸入水中 |
| 10 | 7 000 | 3 500 | 1 200 | 600 |
| 25 | 5 000 | 2 500 | 1 000 | 500 |
| 50 | 4 000 | 2 000 | 875 | 440 |
| 100 | 3 000 | 1 500 | 770 | 375 |
| 250 | 2 000 | 1 000 | 650 | 325 |

## 四、安全电压

从安全角度看，电对人体的安全条件通常不采用安全电流，而是用安全电压。因为影响电流变化的因素很多，而电力系统的电压却是较为恒定的。

所谓安全电压，是指为了防止触电事故而由特定电源供电时所采用的电压系列。这个电压系列的上限值，在任何情况下都不超过交流（50 ～ 500 Hz）有效值 50 V。

我国规定安全电压等级为 42 V、36 V、24 V、12 V、6 V，如表 1-3-6 所示。当电气设备采用的电压超过安全电压时，必须按规定采取防止直接接触带电体的保护措施。

表 1-3-6　安全电压的等级及选用

| 安全电压（交流有效值）/V | | 选 用 举 例 |
| --- | --- | --- |
| 额定值 | 空载上限值 | |
| 42 | 50 | 在有触电危险的场所使用手持式电动工具 |
| 36 | 43 | 潮湿场所（如矿井），多导电粉尘等场所所使用的行灯等 |
| 24 | 29 | 工作面积狭窄且操作者易大面积接触带电体的场所，如锅炉、金属容器内 |
| 12 | 15 | 人体需要长期触及器具上带电体的场所 |
| 6 | 8 | |

## 五、预防触电的安全防护技术

为了贯彻"安全第一，预防为主"的安全用电基本方针，从根本上杜绝触电事故的发生，必须在制度上、技术上采取一系列预防和保护性的措施，这些措施统称为安全防护技术。

**1. 屏护**

屏护就是用防护装置将带电部位、场所或范围隔离开。采用屏护可防止工作人员意外碰触或过分接近带电体而发生触电，也可防止设备之间、线路之间由于绝缘强度不够且间距不足时发生事故，保护电气设备不受机械损伤。常用的屏护装置及规格如表1-3-7所示。

表1-3-7 常用屏护装置与规格

| 种 类 | 用 途 | 说 明 | 图 示 |
|---|---|---|---|
| 遮栏 | 遮栏用于室内高压配电装置 | 宜做成网状，网孔不应大于40 mm×40 mm，也不应小于20 mm×20 mm。遮栏高度应不低于1.70 m，底部距地面应不大于0.1 m。运用中的金属遮栏必须妥善接地并加锁 | |
| 栅栏 | 栅栏用于室外配电装置 | 高度不应低于1.5 m；若室内场地较开阔，也可装高度不低于1.5 m的栅栏。栅条间距和最低栏杆至地面的距离都不应大于200 mm。金属制作的栅栏也应妥善接地 | |
| 保护网 | 明装裸导线或母线跨越通道时，防止高处坠落物体或上下碰撞事故的发生 | 保护网有铁丝网和铁板网 | |

屏护装置应该符合间距的要求及有关规定，并根据需要配以明显的标志，以引起人们的注意。要求较高的屏护装置，还应装设信号指示和联锁装置。当人跨越或移开屏护时，应发出警告信号或自动切断电源。所有屏护装置应符合防火、防风要求并具有足够的机械力学强度。

**2. 安全间距**

安全距离是指为防止发生触电事故或短路故障而规定的带电体之间、带电体与地面及其他设施之间、工作人员与带电体之间所必须保持的最小距离或最小空气间隙。间距的大小，主要是根据电压的高低（留有裕度）、设备状况和安装方式来确定的，并在规程中做出明确的规定。凡从事电气设计、安装、巡视、维修及带电作业的人员，都必须严格遵守。

**3. 安全标志**

安全标志是指在有触电危险的场所或容易产生误判断、误操作的地方，以及存在不安全因素的现场设置的文字或图形标志。安全标志可以提示人们识别、警惕危险因素。防止人们偶然触及或过分接近带电体而触电，是保证安全用电的一项重要的防护措施。

（1）安全色标：我国采用的安全色标的含义基本上与国际安全色标标准相同。安全色标的意义如表 1-3-8 所示。

表 1-3-8　安全色标的意义

| 色　标 | 含　义 | 举　例 |
|---|---|---|
| 红色 | 禁止、停止、消防 | 停止按钮、灭火器、仪表运行极限 |
| 黄色 | 注意、警告 | "当心触电""注意安全" |
| 绿色 | 安全、通过、允许、工作 | 如"在此工作""已接地" |
| 黑色 | 警告 | 多用于文字、图形、符号 |
| 蓝色 | 强制执行 | "必须戴安全帽" |

（2）导体色标：裸母线及电缆芯线的相序或极性标志如表 1-3-9 所示。表中列出了新、旧两种颜色标志，在工程施工和产品制造中应逐步向新标准过渡。

表 1-3-9　导线色标

| 类　别 | 导体名称 | 旧 | 新 |
|---|---|---|---|
| 交流电路 | L1 | 黄 | 黄 |
| | L2 | 绿 | 绿 |
| | L3 | 红 | 红 |
| | N | 黑 | 淡蓝 |
| 直流电路 | 正极 | 红 | 棕 |
| | 负极 | 蓝 | 蓝 |
| 安全用接地线 | | 黑 | 黄/绿双色线 |

注：按国际标准和我国标准，在任何情况下，黄/绿双色线只能用作保护接地或保护接零线。但在日本及西欧一些国家采用单一绿色线作为保护接地（零）线，我国出口这些国家的产品也是如此。使用这类产品时，必须注意仔细查阅使用说明书或用万用表判别，以免接错线造成触电。

（3）安全标志的构成及分类：安全标志是用以表达特定安全信息的标志，根据国家有关标准，安全标志由图形符号、安全色、几何形状（边框）或文字等构成。使用过程中严禁拆除、更换和移动。

① 禁止标志：禁止标志的含义是禁止人们不安全行为的图形标志。禁止标志的基本形式是带斜杠的圆边框（其图形符号为黑色、背景为白色）。电力行业中的禁止标志如表 1-3-10 所示。

表 1-3-10 禁 止 标 志

| 图形标志 | 名 称 | 图形标志 | 名 称 |
|---|---|---|---|
|  | 禁止用水灭火 |  | 禁止触摸 |
|  | 禁止合闸 |  | 禁止戴手套 |
|  | 禁止启动 |  | 禁止靠近 |
|  | 禁止转动 |  | 禁止攀登 |

② 警告标志：警告标志的基本含义是提醒人们对周围环境引起注意，以避免可能发生危险的图形标志。警告标志的基本形式是正三角形边框（其图形符号为黑色、背景为有警告意义的黄色）。电力行业中的警告标志如表 1-3-11 所示。

表 1-3-11 警 告 标 志

| 图形标志 | 名 称 | 图形标志 | 名 称 |
|---|---|---|---|
|  | 注意安全 |  | 当心触电 |
|  | 当心电缆 |  | 当心机械伤人 |
|  | 当心吊物 |  | 当心弧光 |

③ 指令标志：其含义是强制人们必须做出某种动作或采用防范措施的图形标志。指令标志的基本形式是圆形边框（其图形符号为白色、背景为具有指令含义的白色）。电力行业中的指令标志如表 1-3-12 所示。

表 1-3-12 指 令 标 志

| 图形标志 | 名 称 | 图形标志 | 名 称 |
|---|---|---|---|
|  | 必须戴防护眼镜 |  | 必须戴安全帽 |
|  | 必须戴防护帽 |  | 必须系安全带 |
|  | 必须穿防护鞋 |  | 必须加锁 |

④ 提示标志：其含义是向人们提供某种信息（如标明安全设施或场所等）的图形标志。提示标志的基本形式是正方形边框（其背景为绿色，图形及文字为白色）。电力行业中的提示标志如表 1-3-13 所示。

表 1-3-13　提 示 标 志

| 图 形 标 志 | 名　称 | 图 形 标 志 | 名　称 |
|---|---|---|---|
| | 紧急出口（左向） | | 紧急出口（右向） |
| | 可动火区 | | 避险处 |

（4）安全标志牌：电工专用的安全牌通常称为标示牌，常用的标示牌规格及其悬挂处如表 1-3-14 所示。

表 1-3-14　常用标示牌规格及悬挂处所

| 类　型 | 尺寸/mm | 式　样 | 悬　挂　处 |
|---|---|---|---|
| 允许类 | 250×250 | 在此工作 | 室外和室内工作地点或施工设备上 |
| 警告类 | 250×200 | 止 步高压危险 | 带电的高压运行设备附近 |
| 禁止类 | 200×100　或　80×50 | 禁止合闸有人工作 | 一经合闸即可送电到施工设备的开关和刀闸的操作把手上 |
| | 200×100　或　80×50 | 禁止合闸线路有人工作 | 线路开关和刀闸的把手上 |
| | 250×200 | 禁止攀登高压危险 | 工作人员上下的铁架上及运行中变压器的梯子上 |

**巩固提高**

（1）什么是电击？

（2）什么是电伤？电伤有哪些类型？

（3）影响触电对人体伤害程度的因素有哪些？

（4）什么是安全电压？安全电压有哪些等级？

（5）导线的色标是如何规定的？

# 课题四　触电急救技术

**学习目标**

◆ 掌握触电急救要点。

◆ 掌握解救触电者脱离电源的方法。

◆ 掌握心肺复苏法的操作要领及外伤的简单处理方法。

**学习内容**

## 一、触电急救的要点

触电急救的要点：抢救迅速与救护得法。即用最快的速度在现场采取积极措施，保护伤员生命，减轻伤情，减少痛苦，并根据伤情要求，迅速联系医疗部门救治。即使触电者失去知觉、心跳停止，也不能轻率地认定触电者死亡，而应看作是"假死"，施行急救。

发现有人触电后，首先要尽快使其脱离电源，然后根据具体情况，迅速对症救护。有触电后经 5 h 甚至更长时间的连续抢救而获得成功的先例，这说明触电急救对于减小触电死亡率是有效的。但抢救无效而死亡者为数甚多，其原因除了发现过晚外，主要是救护人员没有掌握触电急救方法。因此，掌握触电急救方法十分重要。我国《电业安全工作规程》将触电急救列为电气工作人员必须具备的从业条件之一。

## 二、解救触电者脱离电源的方法

触电急救的第一步是使触电者迅速脱离电源，因为电流对人体的作用时间越长，对生命的威胁越大。具体方法如表 1-4-1 所示。

表 1-4-1　解救触电者脱离电源的方法

| 方　法 | | 操　作　要　领 | 图　示 |
|---|---|---|---|
| 脱离低压电源的方法 | 拉 | 就近拉开电源开关、拔出插头或瓷插熔断器 | |
| | 切 | 当电源开关、插座或瓷插熔断器距离触电现场较远时，可用带有绝缘柄的利器切断电源线。切断时应防止带电导线断落触及周围的人体。多芯绞合线应分相切断，以防短路伤人 | |
| | 挑 | 如果导线搭落在触电者身上或压在身下，这时可用干燥的木棒、竹竿等挑开导线，或用干燥的绝缘绳套拉导线或触电者，使触电者脱离电源 | |
| | 拽 | 救护人可戴上手套或在手上包缠干燥的衣服等绝缘物品拖动触电者，使之脱离电源。如果触电者的衣裤是干燥的，又没有紧缠在身上，救护人可直接用一只手抓住触电者不贴身的衣裤，将其拉脱电源，但要注意拖动时切勿触及触电者的皮肤。也可站在干燥的木板、橡胶垫等绝缘物品上，用一只手将触电者拖动开 | |
| | 垫 | 如果触电者由于痉挛，手指紧握导线，或导线缠绕在身上，可先用干燥的木板塞进触电者身下，使其与地绝缘，然后再采取其他办法把电源切断 | |

续表

| 方　法 | 操　作　要　领 |
|---|---|
| 脱离高压电源的方法 | （1）立即电话通知有关供电部门拉闸停电<br>（2）如果电源开关离触电现场不太远，则可戴上绝缘手套，穿上绝缘靴，拉开高压断路器，或用绝缘棒拉开高压跌落熔断器以切断电源<br>（3）往架空线路抛挂裸金属软导线，人为造成线路短路，迫使继电保护装置动作，从而使电源开关跳闸。抛挂前，将短路线的一端先固定在铁塔或接地线上，另一端系重物。抛掷短路线时，应注意防止电弧伤人或断线危及人员安全，也要防止重物砸伤人<br>（4）如果触电者触及断落在地上的带电高压导线，且尚未确认线路无电之前，救护人员不可进入断线落地点8～10 m的范围内，以防止跨步电压触电。进入该范围的救护人员应穿上绝缘靴或临时双脚并拢跳跃地接近触电者。触电者脱离带电导线后应迅速将其带至8～10 m以外，立即开始触电急救。只有在确认线路已经无电时，才可在触电者离开导线后就地急救 |
| 脱离电源的注意事项 | （1）救护人不得采用金属和其他潮湿物品作为救护工具<br>（2）未采取绝缘措施前，救护人不得直接触及触电者的皮肤和潮湿的衣服<br>（3）在拉拽触电者脱离电源的过程中，救护人宜用单手操作，这样比较安全<br>（4）当触电者位于高位时，应采取措施预防触电者在脱离电源后坠地摔死<br>（5）夜间发生触电事故时，应考虑切断电源后的临时照明问题，以利救护 |

### 三、现场救护

抢救触电者首先应使其迅速脱离电源，然后立即就地抢救。关键是"判别情况与对症救护"，同时派人通知医务人员到现场。

根据触电者受伤害的轻重程度，现场救护有以下几种措施：

（1）触电者未失去知觉的救护措施。如果触电者所受的伤害不太严重，神志尚清醒，只是心悸、头晕、出冷汗、恶心、呕吐、四肢发麻、全身乏力，甚至一度昏迷但未失去知觉，则可先让触电者在通风暖和的地方静卧休息，并派人严密观察，同时请医生前来或送往医院救治。

（2）触电者已失去知觉的抢救措施。如果触电者已失去知觉，但呼吸和心跳尚正常，则应使其舒适地平卧着，解开衣服以利呼吸，四周不要围人，保持空气流通，冷天应注意保暖，同时立即请医生前来或送往医院诊治。若发现触电者呼吸困难或心跳失常，应立即施行人工呼吸或胸外心脏按压。

（3）对"假死"者的急救措施。如果触电者呈现"假死"现象，则可能有3种临床症状：一是心跳停止，但尚能呼吸；二是呼吸停止，但心跳尚存（脉搏很弱）；三是呼吸和心跳均已停止。"假死"症状的判定方法是"看""听""试"。"看"是观察触电者的胸部、腹部有无起伏动作；"听"是用耳贴近触电者的口鼻处，听有无呼气声音；"试"是用手或小纸条测试口鼻有无呼吸的气流，再用两手指轻压一侧喉结旁凹陷处的颈动脉有无搏动感觉。若既无呼吸又无颈动脉搏动感觉，则可判定触电者呼吸停止，或心跳停止，或呼吸、心跳均停止。"看""听""试"的操作方法如图1-4-1所示。

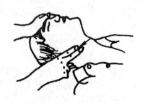

图1-4-1　判定"假死"的看、听、试

#### 四、抢救触电者生命的心肺复苏法

当判定触电者呼吸和心跳停止时，应立即按心肺复苏法就地抢救。所谓心肺复苏法，就是支持生命的三项基本措施，即通畅气道；口对口人工呼吸；胸外心脏按压法。具体方法如表 1-4-2 所示。

表 1-4-2　触电急救方法

| 急救方法 | 操作要领 | 图示或备注 |
|---|---|---|
| | 使触电者仰天平卧，迅速解开其领口、围巾、紧身衣和裤带。取出触电者口内的食物、假牙、血块等异物 | 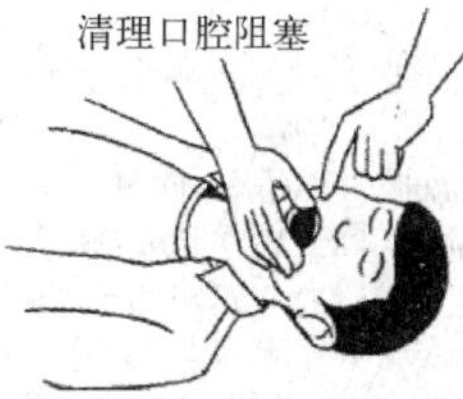  清理口腔阻塞　　鼻孔朝天头后仰 |
| 口对口人工呼吸 | 救护人用一只手捏紧触电者鼻子，另一只手托在触电者颈后，将颈部上抬，深深吸气后，用嘴紧贴触电者的嘴，大口吹气，使触电者胸部扩张 | 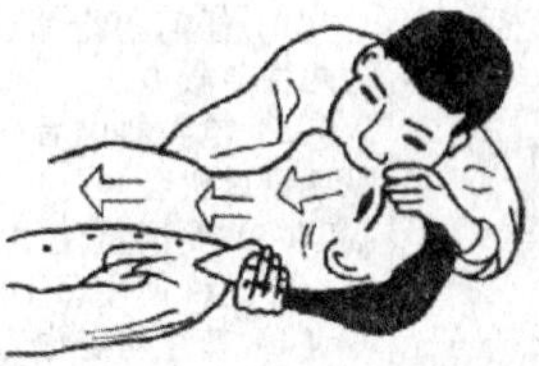 |
| | 吹气完毕后将嘴离开，放松触电者的鼻子，使之自身呼气。如此反复，每 5 s 吹气一次，坚持连续进行，不可间断 | 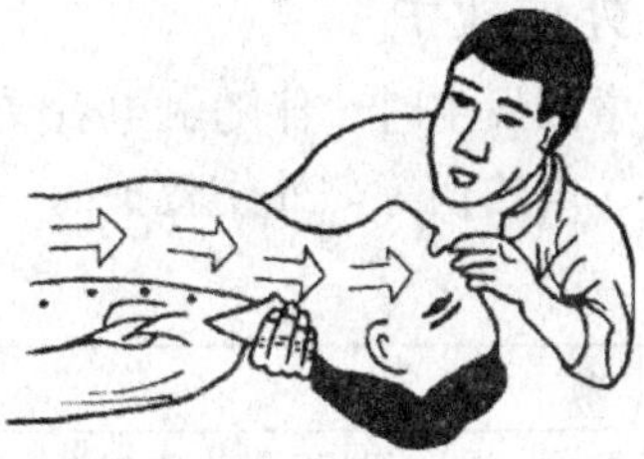 |
| 胸外心脏按压法 | 触电者仰天平卧，后背着地处的地面必须平整牢固，头部稍往后仰，解开衣服和腰带。救护者跪跨在触电者腰部 | 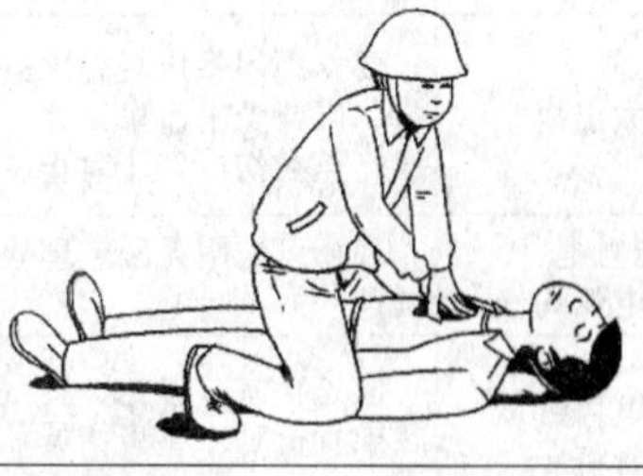 |
| | 急救者将右手掌根部按于触电者胸骨下 1/2 处，中指指尖对准颈部凹陷的下缘，左手掌复压在右手背上 |   压区 |
| | 掌根垂直用力下压 3~4 cm，然后突然放松，但手掌不要离开胸部，让触电者胸部自动复原。按压与放松的动作要有节奏，每分钟 80 次效果最好。必须坚持连续进行，不可间断 | 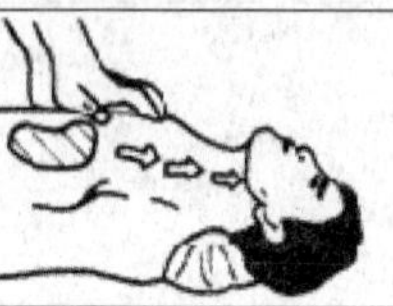 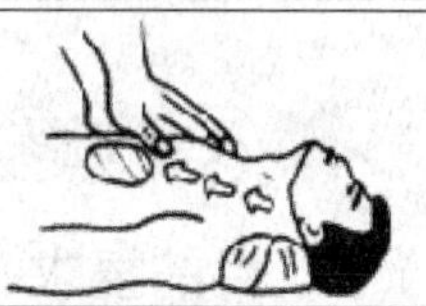 |

| 急 救 方 法 | 操 作 要 领 | 图 示 或 备 注 |
|---|---|---|
| 胸外按压与口对口人工呼吸同时进行 | 单人救护时，每按压 15 次后吹气 2 次（15:2），反复进行 | |
|  | 双人救护时，每 5 s 吹气 1 次，每 1 s 按压 1 次，每按压 5 次后由另一人吹气 1 次（5:1），反复进行 | |
| 现场救护中的注意事项 | （1）任何药物都不能替代口对口人工呼吸和胸外心脏挤压法抢救触电者，这是触电者最基本的两种急救方法。<br>（2）抢救触电者应迅速而持久地进行抢救，在没有确定确已死亡的情况下，不要轻易放弃，以免错过机会<br>（3）要慎重使用肾上腺素。只有经过心电图仪鉴定心脏确已停止跳动且配备有心脏除颤装置时，才允许使用肾上腺素<br>（4）禁止对触电者采用冷水浇淋、猛烈摇晃等方法 | |

## 五、外伤救护

触电事故发生时，伴随触电者受电击或电伤常会出现各种外伤，如皮肤创伤、渗血与出血、摔伤、电灼伤等。外伤救护的一般做法如表 1-4-3 所示。

表 1-4-3　外伤救护

| 现　象 | 救 护 方 法 |
|---|---|
| 一般性的外伤创面 | 可用无菌生理盐水或清洁的温开水冲洗后，再用消毒纱布或干净的布包扎，然后将伤员送往医院。救护人员不得用手直接触摸伤口，也不准在伤口上随便用药 |
| 伤口大出血 | 要立即用手指轻轻压迫出血点上方，也可用止血橡皮带使血流中断。同时将出血肢体抬高或高举，以减少出血量，并火速送医院处置。如果伤口出血不严重，可用消毒纱布或干净的布料叠几层，盖在伤口处压紧止血 |
| 高压触电造成的电弧灼伤 | 现场可先用无菌生理盐水冲洗，再用酒精涂擦，然后用消毒被单或干净布片包好，速送医院处理 |
| 因触电摔跌而骨折 | 应先止血、包扎，然后用木板、竹竿、木棍等物品将骨折肢体临时固定，速送医院处理。发生腰椎骨折时，应将伤员平卧在硬木板上，并将腰椎躯干及两侧下肢一并固定以防瘫痪，搬动时要数人合作，保持平稳，不能扭曲 |
| 颅脑外伤 | 应使伤员平卧并保持气道通畅。若有呕吐，应扶好头部和身体，使之同时侧转，以防止呕吐物造成窒息。耳鼻有液体流出时，不要用棉花堵塞，只可轻轻拭去，以利降低颅内压力。颅脑外伤时，病情可能复杂多变，要速送医院进行救治 |

### 技能训练

## 一、目的要求

掌握触电急救的操作要领。

## 二、工具及器材

（1）工具：测电笔、螺钉旋具、尖嘴钳、斜口钳、剥线钳、电工刀等。

（2）器材：控制电源、触电急救模拟人。

## 三、训练内容与步骤

（1）使用正确的方法使触电者脱离电源。

（2）能够对触电者情况进行正确判断。

（3）进行口对口人工呼吸的练习。

（4）进行胸外心脏按压法的练习。

## 四、评分标准

评分标准如表1-4-4所示。

表1-4-4　评分标准

| 项目内容 | 配分 | 评分标准 | 扣分 | 得分 |
|---|---|---|---|---|
| 脱离电源 | 10 | 使用方法不当，每处扣2分 | | |
| 触电人情况判断 | 10 | 根据现场触电人员的具体情况，判断是否有意识、有无心跳、脉搏，呼叫其名字或轻拍其肩膀等，用手摸其颈动脉，测试呼吸情况，观察面色，瞳孔有无放大情况。每漏掉一项扣2分 | | |
| 利用心肺复苏法进行触电急救 | 70 | （1）触电人员体位摆放不正确，扣5分<br>（2）急救人员急救位置不正确，扣5分<br>（3）未通畅气道扣5分<br>（4）口对口人工呼吸动作操作不当每次扣5分<br>（5）胸外心脏按压动作操作不当，每次扣5分 | | |
| 安全文明生产 | 10 | （1）动作迅速、规范、神情镇定，违反时每次扣2分<br>（2）珍视生命，尊重与关爱病人，违反时每次扣2分 | | |
| 定额时间5 min | | | 成绩 | |

## 巩固提高

（1）发现有人触电时怎么办？

（2）使触电者脱离电源的办法有哪些？应注意哪些事项？

（3）触电者脱离电源后，对"假死"者如何实施正确的现场救护？

（4）"心肺复苏法"中支持生命的三项基本措施是什么？

（5）简述口对口人工呼吸法和胸外按压的操作要领。

# 课题五　电气消防知识

## 学习目标

◆ 了解引起电气火灾的原因。

◆ 掌握电气灭火的方法。

◆ 掌握火灾现场逃生知识。

 学习内容

# 一、引起电气火灾的原因

引起电气火灾的主要原因如表 1-5-1 所示。

表 1-5-1 引起电气火灾的原因

| 原　因 | 说　明 |
| --- | --- |
| 过载 | 所谓过载，是指电气设备或导线的功率和电流超过了其额定值。过载使导体中的电能转变成热能，当导体和绝缘物局部过热，达到一定温度时，就会引起火灾 |
| 短路、电弧和火花 | 短路是电气设备最严重的一种故障状态，短路时，在短路点或导线连接松弛的接头处会产生电弧或火花。电弧温度很高，可达 6 000 ℃ 以上，不但可引燃其本身的绝缘材料，还将其附近的可燃材料、蒸气和粉尘引燃 |
| 接触不良 | 接触不良，会形成局部过热，形成潜在引燃源 |
| 电热和照明设备使用不当 | 电热器具（如电炉、电熨斗等）、照明灯泡在正常通电的状态下，就相当于一个火源或高温热源。当其安装不当或长期通电无人监护管理时，就可能使附近的可燃物受高温而起火 |
| 摩擦 | 发电机和电动机等旋转型电气设备的轴承出现润滑不良、产生干磨发热或虽润滑正常但高速旋转等情况，都会引起火灾 |
| 静电放电 | 静电放电的放电火花可能引起火灾和爆炸。例如，输油管道中油流与管壁摩擦；皮带与带轮间、传动带与物料间互相摩擦产生的静电火花，都可能引起火灾和爆炸 |

# 二、消防知识

在发生电气设备火警时，或邻近电气设备附近发生火警时，电工应运用正确的灭火知识，指导和组织群众采用正确的方法灭火。

## 1. 先断电后灭火

当发生电气火灾时，应立即切断电源，然后进行扑救。夜间断电灭火应有临时照明措施。切断电源时应有选择，尽量局部断电，同时应该注意安全，防止触电。不得带负荷拉闸刀或隔离开关。拉闸和剪断导线时都应使用绝缘工具，并注意防止断落导线伤人或短路。

## 2. 带电灭火的安全要求

带电灭火时，应使用干式灭火器、二氧化碳灭火器进行灭火，而不得使用泡沫灭火剂或用水泼救。用水枪带电灭火时，宜采用泄漏电流小的喷雾水枪，并将水枪喷嘴接地。灭火人员应戴绝缘手套、穿绝缘靴或穿均压服操作。喷嘴至带电体的距离：110 kV 及其以下者不应小于 3 m；220 kV 及其以上者不应小于 5 m。使用不导电的灭火剂灭火时，灭火器机体的喷嘴至带电体的距离：10 kV 及其以下者不应小于 0.4 m；35 kV 及其以上者不应小于 0.6 m。

## 3. 充油设备灭火的安全要求

充油设备着火时，应在灭火的同时考虑油的安全排放，并设法将油火隔离；应采用黄沙、二氧化碳或 1211 灭火器灭火。旋转电机着火时，应防止轴和轴承由于着火和灭火造成的冷热不均而变形，且不得使用干粉、沙子、泥土灭火，以防损伤设备的绝缘。

另外，在救火过程中，灭火人员应占据合理的位置，与带电部位保持安全距离，以防发生触电事故或其他事故。

# 三、火灾现场逃生

发现火灾后第一件事就是有条件要迅速打电话报警，我国火警电话号码是"119"。报

警时要简明扼要地把发生火灾的确切地址、单位、起火部位、燃烧物和着火程度说清楚。

当火灾发生后，若判断已经无法扑灭时，应该马上逃生。特别是在人员集中的较封闭的厂房、车间、工棚内发生火灾和在公共场所（如影剧院、宾馆、办公大楼、高层集体宿舍等）发生火灾时，更要尽快逃离火区。火场逃生，要注意以下几点：

（1）不要惊慌，要尽可能做到沉着、冷静，更不要大吵大叫、互相拥挤。

（2）正确判断火源、火势和蔓延方向，以便选择合适的逃离路线。

（3）回忆和判断安全出口的方向、位置（这要平时养成良好的习惯，每到一个新场所，先要观察安全通道、安全出口的位置，以防不测时正确逃生），以便能在最短时间内找到安全出口。

（4）准备好各种救生设备。疏散时，不能争先恐后，先确认火灾的方位，找准出口就近从消防通道逃生，切不可乘坐电梯。

（5）要有互相友爱精神，听从指挥，有秩序地撤离火场。

（6）火势较大伴有浓烟，撤离较困难时必须采取措施。因为火灾现场浓烟是有毒的，而且浓烟在室内的上方集聚，越低的地方，越安全。逃生者要就地将衣服、帽子、手帕等物弄湿，捂住自己的嘴、鼻，防止烟气呛入或毒气中毒，采用低姿或爬行的方法逃离；视线不清时，手摸墙徐徐撤离。

（7）楼道内烟雾过浓无法撤离时，应利用窗户、阳台逃生，拴上安全绳、床单或沿管道逃生，如不具备条件，切不可盲目跳楼，应将门关好用湿布塞住门缝，用水给门降温。

（8）无法逃离火场时，要选择相对安全的地方。火若是从楼道方向蔓延，可以关紧房门，向门上泼水降温，挥动醒目的标志向外求救或设法呼救，同时尽量找一安全的地方躲避，等待援救。注意不要鲁莽行事，造成其他伤害。

### 巩固提高

（1）引起火灾的原因有哪些？

（2）电气灭火应注意哪些事项？

（3）火灾现场逃生的注意事项有哪些？

## 课题六　走进实训室

### 学习目标

◆ 了解电工实训室的布置方式。

◆ 掌握电工实训室的各电器设备的功能说明。

◆ 了解电工实训室的安全管理要求。

### 学习内容

**一、实验室功能介绍**

电工基本技能实训室是培养学生的电工基本技能，进行实际案例操作，锻炼学生分析、解决问题的能力和动手实践能力的场所。

图 1-6-1 所示为一个电工技能实训室内部布置。为满足教学及实训要求应基本满足以下条件：桌面铺设绝缘垫；电源箱应由钥匙开关控制，采用三相五线制供电，220 V/380 V 的电源；具有失压、欠压、短路、漏电保护等功能；备有急停按钮，可在紧急状态下切断总电源，确保人身安全；每桌配用工具橱，可放置工具、实训用器件及金属网板；实验屏采用铝合金滑道用来悬挂金属网板，也可放置电工、电子及交直流调速等实验模块；实训网板采用不锈钢材质，可确保各种电器按照操作要求固定在网板任何位置。

图 1-6-1    电工实训室

## 二、实训设备功能介绍

具体说明如表 1-6-1 所示。

表 1-6-1    电工实训设备说明

| 名　称 | 说　明 | 图　示 |
|---|---|---|
| 实训台 | 由工具橱、金属支架、实训桌组成 | |
| | 网板：安装固定元件使用 | |

| 名　　　称 | 说　　　明 | 图　　　示 |
|---|---|---|
| 总控制电源箱 | 　由启动钥匙开关、停止按钮、电源指示灯构成，同时可控制 5 组电源 | |
| | 停止按钮：按下停止按钮后电源断开 | |
| | 钥匙开关：为保证安全，只有用钥匙才能接通电源 | |
| | 电源指示灯：红色，钥匙开关闭合后，电源接通指示灯点亮 | |
| 控制电源箱 | 为电工实训提供交流电源 | |
| | 电源指示灯：电源接通后 3 个指示灯应全部点亮，指示灯颜色有明确要求：<br>黄色——交流电源 U 相<br>绿色——交流电源 V 相<br>红色——交流电源 W 相 | |
| | 自动空气开关：具有短路、漏电保护功能 | |
| | 单相五孔插座：<br>提供 220 V 交流电源 | |
| | 急停开关：紧急情况下按下急停开关，可以切断控制电源 | |
| | 三相四孔插座：<br>提供 380 V 交流电源 | |

## 三、实训室安全操作规程

（1）进入实训室后，须听从指导教师安排进入各自实训岗位，不许私自串位换位，严禁嬉戏打闹。

（2）任何电气设备在未确认无电以前，应一律作为有电状态下处理和工作。在电气设备未工作前或切断电源开关及控制设备后，仍须进行验电，待确认无电后方可工作。

（3）实训前检查实训台的漏电开关，急停开关等保护措施是否正常。当发生任何意外事故时必须迅速按下急停按钮，切断电源，再进行相应救护措施。

（4）正确使用实训设备及仪表，需要操作实训台上旋钮、开关等电器时，要力量适度，严禁野蛮操作。

（5）实训所用电工工具、测量仪表必须具有良好的电气性能。

（6）数人同时进行电工作业时，必须在实习指导教师监护下进行；接通电源前必须由指导教师发令指挥。

（7）实训过程中，严禁带电接线。安装接线完毕后，须用仪器检验无误，经指导教师允许后方可通电运行。

（8）在特殊情况下，必须带电工作业时，要保证带电作业者的人身安全，禁止单独一人操作，必须在相关专业人员监护指挥下作业。

（9）实训完成，切断电源，归还仪器、设备、实训材料，整理好实训台后方可离开。

**知识拓展：**

电源有直流电源与交流电源之分。

1. 直流电

直流电（Direct Current，DC）一般是指方向和大小不随时间变化的电流，如电池就是直流电源。

2. 交流电

交流电（Alternating Current，AC）一般指大小和方向随时间作周期性变化的电压或电流。中国交流电供电的标准频率规定为 50 Hz。

3. 常见交流供电方式

常见交流供电方式如表 1-6-2 所示。

表 1-6-2　常见交流供电方式

| 名　称 | 图　示 |
| --- | --- |
| 三相三线制 | |
| 三相四线制 | |

续表

| 名　　称 | 图　　示 |
|---|---|
| 三相五线制 | 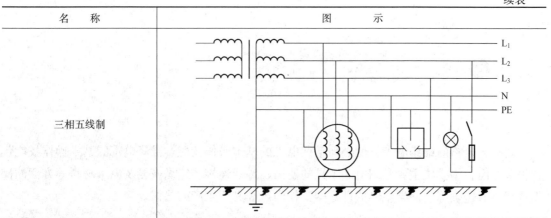 |

4. 交流电压值

（1）线电压：相线与相线间的电压，为 380 V，例如三相电动机工作电压就是线电压。

（2）相电压：相线与中性线间的电压，为 220 V，例如照明灯的工作电压就是相电压。

 巩固提高

（1）自动空气开关具有哪些保护功能？

（2）实训室安全操作规程有哪些？

做一名合格的维修电工，就必须掌握电工的基本操作技能。维修电工的基本操作技能包含很多方面，本模块主要介绍电工工具的使用、导线连接、绝缘恢复及电工材料等方面的操作技能，通过训练，使学生养成良好的工作作风和文明生产的习惯。

## 课题一　常用电工工具

**学习目标**

◆ 熟悉常用电工工具的种类。

◆ 掌握常用电工工具的使用技能。

◆ 掌握常用电工工具的使用注意事项。

**学习内容**

电工工具可分为手工工具和机械（电动）工具两大类。电工常用工具是指一般专业电工都要运用的工具。常用的工具有验电器、螺钉旋具、钢丝钳、尖嘴钳、断线钳、剥线钳、电工刀、活动扳手等。正确掌握工具的使用方法，是保证电气施工顺利进行的条件。

### 一、验电器

验电器是检验导线和电气设备是否带电的一种电工常用检测工具。它分为低压验电器和高压验电器两种。

**1. 低压验电器的使用**

低压验电器按结构形式分，有笔式和螺钉旋具式两种；按其显示元件分，有氖管发光指示式和数字显示式两种。具体情况如表 2-1-1 所示。

表 2-1-1　低压验电器

| 项　　目 | 说　　明 | 图　示　或　备　注 |
|---|---|---|
| 数字显示式低压验电器 | 由笔尖（工作触点）、笔身、指示灯、电压显示、电压感应通电检测按钮、电压直接检测按钮、电池等组成 | 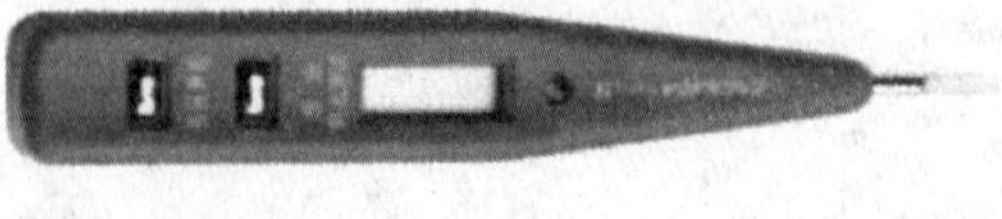 |

续表

| 项　目 | 说　明 | 图　示　或　备　注 |
|---|---|---|
| 氖管发光指示式低压验电器 | 由氖管、电阻器、弹簧、笔体和笔尖等组成 | <br>金属螺钉　弹簧　氖管　电阻器　观察孔　旋具探头<br>弹簧　观察孔　笔身　氖管　电阻器　笔尖探头<br>金属笔挂 |
| 使用范围 | 数显式：12～500 V，氖管式：60～500 V | |
| 握持方法 | 正确方法 | <br>正确握法　　正确握法 |
| | 错误方法 | <br>错误握法　　错误握法 |
| 使用方法 | 验电时，一般用右手手指触及笔尾的金属体，左手背在背后或插在左衣、裤口袋中。这时，人体的任何部位切勿触及与笔尖相连的金属部分，左手不要乱动，以免人身触电 | |
| 主要作用 | 区别电压高低 | 测试时可根据氖管发光的强弱来估计电压的高低 |
| | 区别相线与零线 | 在交流电路中，当验电器触及导线时，氖管发光的即为相线，正常情况下，触及零线是不会发光的 |
| | 区别直流电与交流电 | 交流电通过电器时，氖管里的两个极同时发光；直流电通过验电器时，氖管里两个极只有一个发光 |
| | 区别直流电正、负极 | 把验电器连接在直流电的正、负极之间，氖管中发光的一极即为直流电的负极 |
| | 识别相线碰壳 | 用验电器触及电机、变压器等电气设备外壳，氖管发光，则说明该设备相线有碰壳现象。如果壳体上有良好的接地装置，氖管是不会发光的 |
| | 识别相线接地 | 用验电器触及正常供电的星形接法三相三线制交流电时，有两根比较亮，而另一根的亮度较暗，则说明亮度较暗的相线与地有短路现象，但不太严重。如果两根相线很亮，而另一根不亮，则说明这一根相线与地肯定短路 |

使用注意事项：

（1）防止笔尖同时搭接在两根相线上，以免造成两相间短路。

（2）先在确实有电处试测，以证明验电器完好。

（3）在明亮光线下小易看清，氖管发光，应当注意避光。

（4）不能用来紧固或拆卸螺钉。

**2. 高压验电器的使用**

高压验电器的说明与图示如表 2-1-2 所示。

表 2-1-2 高压验电器

| 项　　目 | 说　　明 | 图 示 或 备 注 |
|---|---|---|
| 结构 | 10 kV 高压验电器由金属钩、氖管、氖管窗、绝缘棒、护环和握柄等部分组成 | 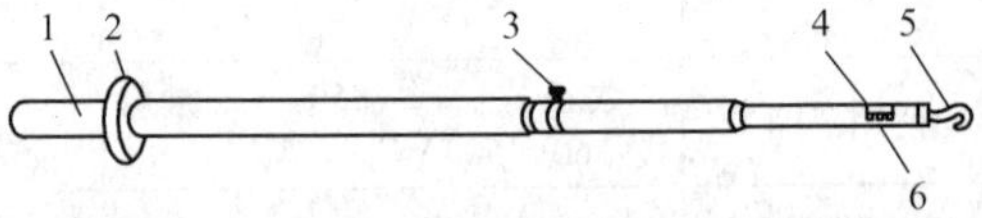 <br>1—把柄；2—护环；3—紧固螺钉；4—氖管窗；<br>5—金属钩；6—氖管 |
| 使用方法 | 使用高压验电器验电时，应戴绝缘手套；右手握住验电器的把柄，切勿超过护环；人体最好站在绝缘垫上，左手背在背后；人体与带电体保持足够的距离（电压 10 kV 时，应在 0.7 m 以上），将验电器的金属钩逐渐靠近被测物直至氖管发亮。只有氖管不亮时，才可与被测物体直接接触 | 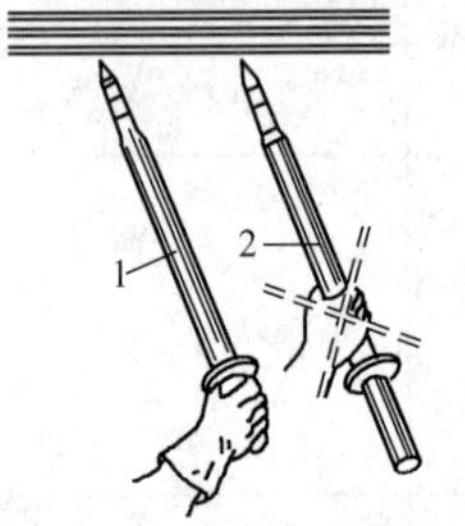 |
| 使用注意事项 | （1）在使用验电器前，应在确有电源处试测，证明验电器确实良好，方可使用<br>（2）验电时，应逐渐靠近被测物体，直至氖管发亮，只有氖管不亮时，才可与被测物体直接接触<br>（3）进行高压验电时，在户内必须戴符合耐压要求的绝缘手套，在户外还应穿绝缘鞋；不可一人单独验电，身旁要有人监护。测试时要防止发生相间或对地短路事故；人体与带电体应保持足够的安全距离，10 kV 高压的安全距离为 0.7 m 以上<br>（4）户外使用时应在天气良好的条件下进行；不宜在雪、雨、雾及湿度较大的天气中，用高压验电器进行验电 |

## 二、螺钉旋具

螺钉旋具又称螺丝刀，它是一种紧固或拆卸螺钉的专用工具。

螺钉旋具的式样和规格很多，按头部形状可分为一字头和十字头两种，如表 2-1-3 所示。金属杆的刀口端焊有磁性金属材料，可以吸住待拧紧的螺钉，能准确定位、拧紧，使用很方便，目前使用也较广泛。

表 2-1-3 螺钉旋具

| 项　　目 | | 图 示 或 说 明 |
|---|---|---|
| 外形与分类 | 一字头螺钉旋具 |  |
| | 十字头螺钉旋具 |  |

续表

| 项　目 | | 图 示 或 说 明 |
|---|---|---|
| 规格 | 按照绝缘柄外金属杆长度和刀口尺寸分划分 | 50 mm×3(5) mm、65 mm×3(5) mm、75 mm×4(5) mm、100 mm×4 mm、100 mm×6 mm、100 mm×7 mm、125 mm×7 mm、125 mm×8 mm、125 mm×9 mm、150 mm×7(8) mm |
| 螺钉旋具的使用方法 | 大螺钉旋具：大螺钉旋具一般用来紧固较大的螺钉。使用时，除大拇指、食指和中指要夹住握柄外，手掌还要顶住柄的末端，这样就可防止旋具转动时滑脱 | |
| | 小螺钉旋具：小螺钉旋具一般用来紧固电气装置接线桩头上的小螺钉，使用时，可用手指顶住木柄的末端捻旋 | |
| | 较长的螺钉旋具：可用右手压紧并转动手柄，左手握住螺钉旋具中间部分，以使螺钉刀不滑脱。此时左手不得放在螺钉的周围，以免螺钉刀滑出时将手划分 | |
| 使用注意事项 | （1）电工不可使用金属杆直通柄顶的螺钉旋具，否则易造成触电事故<br>（2）使用螺钉旋具紧固和拆卸带电螺钉时，手不得触及旋具的金属杆，以免发生触电事故<br>（3）螺钉旋具绝缘柄一般耐压为500 V，但为了避免螺钉旋具的金属杆触及皮肤或触及邻近带电体，也应在金属杆上穿套绝缘管 | |

## 三、钢丝钳

钢丝钳有铁柄和绝缘柄两种，绝缘柄为电工用钢丝钳。

钢丝钳相关知识如表2-1-4所示。

表2-1-4　钢 丝 钳

| 项　目 | | 图 示 或 说 明 |
|---|---|---|
| 结构与用途 | 钢丝钳由钳头与钳柄两部分组成 | |

| 项　目 | | 图 示 或 说 明 | |
|---|---|---|---|
| 结构与用途 | 6—钳头 | 1—钳口：用来弯绞或钳夹导线线头 | |
| | | 2—齿口：用来固紧或起松螺母 | |
| | | 3—刀口：用来剪切导线或剖切导线绝缘层 | |
| | | 4—铡口：用来剪切电线芯线和钢丝等较硬金属线 | |
| | 7—钳柄 | 5—绝缘套：绝缘套的耐压为 500 V，可带电作业 | — |
| 握法 | | 使用钢丝钳，要使钳头的刀口朝内侧，即朝向自己，便于控制钳切部位；用小指伸在两钳柄中间，用以抵住钳柄，张开钳头。如果不用小指而用食指伸在两个钳柄中间，这样不好用力 | |
| 使用注意事项 | | （1）使用钢丝钳之前，需要检查绝缘柄的绝缘是否良好，以免在带电作业中发生触电事故<br>（2）用电工钳剪切带电导线时，不得用钳口同时剪切两根或两根以上的导线，以免相线间或相线与零线间发生短路故障<br>（3）钳头不可代替锤子作为敲打工具使用 | |

## 四、尖嘴钳

尖嘴钳的头部尖细，适用于在狭小的工作空间操作。尖嘴钳也有铁柄和绝缘柄两种，绝缘柄的耐压为 500 V，其相关知识如表 2-1-5 所示。

表 2-1-5　尖　嘴　钳

| 项　目 | 图 示 或 说 明 |
|---|---|
| 外形结构 | |

续表

| 项　目 | 图 示 或 说 明 |
|---|---|
| 用途 | （1）带有刀口的尖嘴钳能剪断细小金属丝<br>（2）尖嘴钳能夹持较小螺钉、垫圈、导线等元件<br>（3）在装接控制线路时，尖嘴钳能将单股导线弯成所需的各种形状 |
| 使用注意事项 | （1）使用尖嘴钳之前，需要检查绝缘柄的绝缘是否良好，以免在带电作业中发生触电事故<br>（2）剪切带电导线时，不得用钳口同时剪切两根或两根以上的导线，以免相线间或相线与零线间发生短路故障 |

## 五、断线钳

断线钳又称斜口钳，钳柄有铁柄、管柄和绝缘柄三种。其中，电工用的绝缘柄断线钳如表 2-1-6 所示，绝缘柄的耐压为 500 V。

表 2-1-6 断 线 钳

| 项　目 | 图 示 或 说 明 |
|---|---|
| 外形结构 | |
| 用途 | 专供剪断较粗的金属丝、线材及导线电缆 |
| 使用注意事项 | （1）使用短线钳之前，需要检查绝缘柄的绝缘是否良好，以免在带电作业中发生触电事故<br>（2）剪切带电导线时，不得用钳口同时剪切两根或两根以上的导线，以免相线间或相线与零线间发生短路故障 |

## 六、剥线钳

剥线钳是电工专门用来剥离导线头部的一段表面绝缘层，如表 2-1-7 所示。其特点是使用方便，剥离绝缘层不伤线芯，适用芯线 6 mm² 以下绝缘导线。它的手柄是绝缘的，耐压为 500 V。一般在制作控制柜时用得较多。

表 2-1-7 剥 线 钳

| 项　目 | 图 示 或 说 明 |
|---|---|
| 外形结构 | |
| 用途 | 用来剥削小直径导线绝缘层的专用工具 |
| 自动剥线钳的使用方法 | 使用时，将要剥削的导线绝缘层长度用标尺确定好，右手握住钳柄，用左手将导线放入相应的刀口槽中（比导线芯直径稍大些，以免损伤导线），用右手将钳柄向内一握，导线的绝缘层即被割破拉开，自动弹出 |
| 使用注意事项 | （1）根据导线的直径，选择合适的刀口<br>（2）带电操作时，应检测好绝缘层的绝缘<br>（3）刀口剖线方向不能对着人，防止弹出的线皮伤人 |

## 七、电工刀

电工刀的说明与图示如表 2-1-8 所示。

表 2-1-8　电　工　刀

| 项　目 | 图　示　或　说　明 |
|---|---|
| 外形结构 | 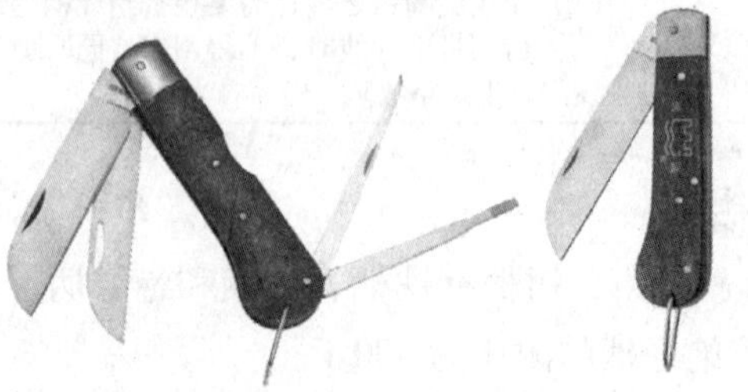 |
| 用途 | 电工刀是用来剖削电线线头、切割木台缺口、削制木榫的专用工具；有的多用电工刀还带有手锯和尖锥，用于电工材料的切割 |
| 使用方法 | 使用电工刀时，左手握住导线，右手握住刀柄，将刀口朝外剖削；剖削导线绝缘层时，应使刀面与导线成较小的锐角，以免割伤导线 |
| 使用注意事项 | （1）使用电工刀时应注意避免伤手，不得传递未折进刀柄的电工刀<br>（2）电工刀用毕，随时将刀身折进刀柄<br>（3）电工刀刀柄无绝缘保护，不能用于带电作业，以免触电<br>（4）磨刀时，注意电工刀是单面刃 |

## 八、活扳手

活扳手的说明与图示如表 2-1-9 所示。

表 2-1-9　活　扳　手

| 项　目 | 图　示　或　说　明 |
|---|---|
| 外形 | 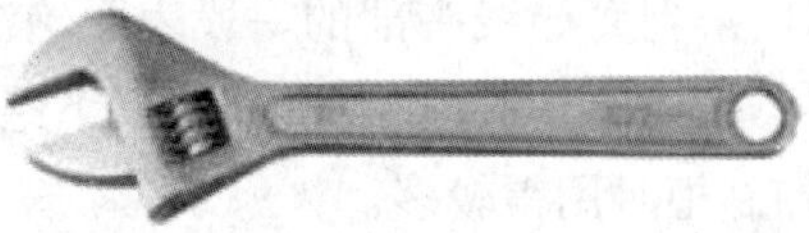 |
| 结构 | 主要由呆扳唇、活扳唇、蜗轮、轴销、手柄等构成。转动活扳手的蜗杆，就可以调节扳口的大小 |
| 规格 | 电工常用 4 种规格：<br>150 mm × 19 mm、200 mm × 24 mm、250 mm × 30 mm、300 mm × 36 mm |
| 用途 | 用来紧固和装拆旋转六角或方角螺钉、螺母的一种专用工具 |
| 螺母正确夹持位置 | 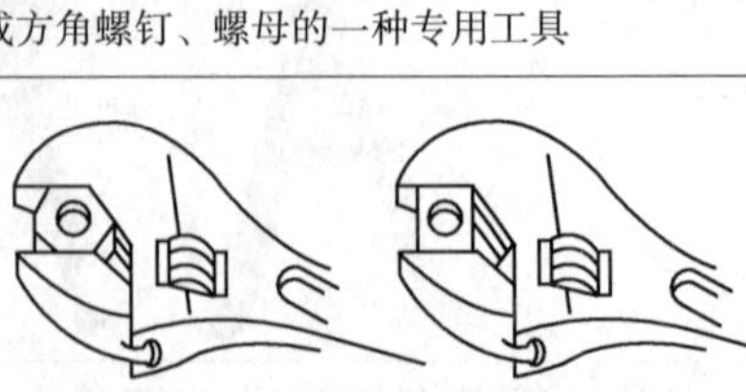 |
| 使用方法 | 扳动大螺母：常用较大的力矩，手应握在近柄尾处 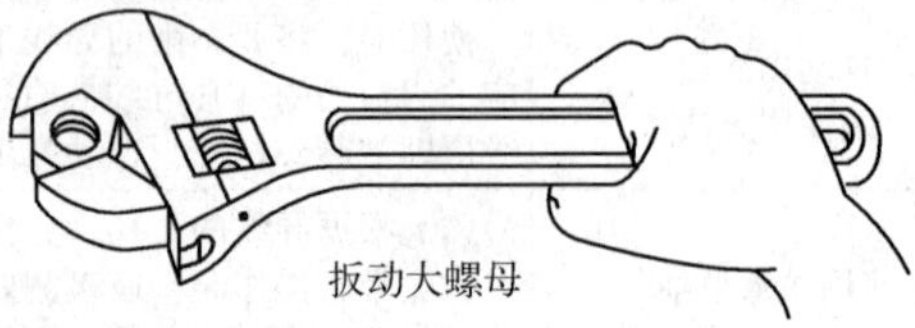　　　　　　<br>扳动大螺母 |

| 项　　目 | 图　示　或　说　明 |
|---|---|
| 使用方法 | 扳动小螺母：所用力矩不大，但螺母过小易打滑，故手应握在接近扳头的地方，这样可随时调节蜗轮，收紧活动扳唇，防止打滑<br><br>扳动小螺母 |
| 使用注意事项 | （1）活扳手不可反用，以免损坏活动扳唇，也不可用钢管接长手柄来施加较大的扭矩<br>（2）活扳手不得当作撬棍和手锤使用 |

## 技能训练

### 一、目的要求

掌握常用电工工具的操作要领。

### 二、工具及器材

（1）工具：测电笔、螺钉旋具、尖嘴钳、斜口钳、剥线钳、电工刀等。

（2）器材：控制电源、木板、木螺钉和废旧塑料单芯导线若干。

### 三、训练内容与步骤

训练内容与步骤如表2-1-10所示。

表 2-1-10　训练内容与步骤

| 序号 | 训练项目 | 训练内容 | 训练步骤 | 训练要求 |
|---|---|---|---|---|
| 1 | 低压验电笔的使用 | （1）区别电压高低<br>（2）区别相线与零线 | 教师演示后由学生按下列步骤进行练习：<br>（1）用验电笔对电源进行验电判别<br>（2）用螺钉旋具在木板上旋紧、拆除螺钉<br>（3）用钢丝钳、剥线钳、尖嘴钳、断线钳做剪切、弯绞导线练习 | 正确使用低压验电器，注意安全用电规范，快速准确地确定被测量的性质 |
| 2 | 螺钉旋具的使用 | 进行旋紧、拆除木螺钉的练习 | | 正确的使用螺钉旋具，能够按要求完成练习，注意操作规范和人身安全 |
| 3 | 钢丝钳、尖嘴钳、断线钳使用 | （1）弯绞导线练习<br>（2）剪切导线练习<br>（3）导线绝缘剥除练习 | | 正确的使用工具，注意操作规范和人身安全 |
| 4 | 圆弧接线鼻弯制训练 | 综合使用电工工具，将直径为单股导线弯成4~5 mm的圆弧接线鼻 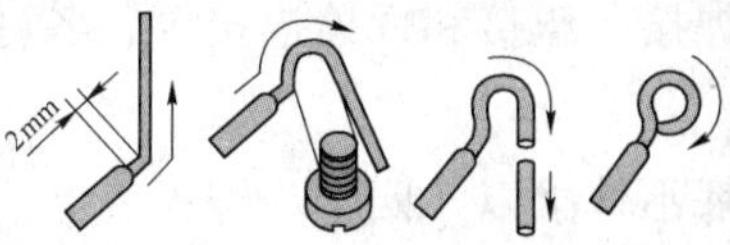 | 教师演示后由学生按下列步骤进行练习：<br>（1）用剥线钳剥除导线绝缘层<br>（2）用尖嘴钳弯制大小合适的圆圈，如左图所示 | （1）圆弧接线鼻大小合适近似圆形<br>（2）不得损伤线芯<br>（3）裸露线芯严禁过长 |

### 四、评分标准

评分标准如表2-1-11所示。

表 2-1-11 评 分 标 准

| 项目内容 | 配分 | 评 分 标 准 | 扣分 | 得分 |
|---|---|---|---|---|
| 验电笔练习 | 15 | （1）使用方法不当，每处扣5分<br>（2）不能判断电压高低，每处扣3分 | | |
| 钢丝钳、尖嘴钳、断线钳使用 | 15 | （1）握钳姿势不正确扣5分<br>（2）损伤导线扣5分 | | |
| 螺钉旋具的使用 | 10 | 使用方法不当，每处扣5分 | | |
| 圆弧接线鼻弯制训练 | 60 | （1）大小不符合要求，每个扣2分<br>（2）接点不符合要求，每个扣5分<br>（3）损伤导线绝缘或线芯，每个扣5分 | | |
| 安全文明生产 | | 违反安全文明生产规程扣5～40分 | | |
| 定额时间 1.5 h | | 每超时5 min 以内按扣5分计算 | | |
| 备注 | | 除定额时间外，各项目的最高扣分不应超过配分数 | 成绩 | |

**安全提示：**

使用电工工具时，应注意操作要领正确，若发现错误应及时纠正。

巩固提高

（1）低压验电器的主要作用有哪些？

（2）使用低压验电器应注意哪些问题？

（3）使用电工钢丝钳应注意哪些问题？

（4）在学过的电工工具中哪些可以带电作业，哪些不可以？

# 课题二　导线连接与绝缘恢复

## 学习目标

◆ 掌握常用导线的剖削方法。

◆ 掌握导线的连接技能。

◆ 掌握导线恢复绝缘的方法。

## 学习内容

在配线过程中，常常因为导线太短和线路做分支，需要把一根导线与另一根导线连接起来，再把连接后的导线与用电设备的端子连接，这些连接点通常称为接头。

绝缘导线的连接方法很多，有绞接、焊接、压接和螺栓连接等，各种连接方法适用于不同导线及不同的工作地点。

绝缘导线的连接无论采用哪种方法，都不外乎以下四个步骤：

（1）剥切绝缘层；（2）连接导线线芯；（3）焊接或压接接头；（4）恢复绝缘层。

### 一、导线绝缘层的剖削

导线线头绝缘层的剖削是导线加工的第一步，是为以后导线的连接作准备。电工必须学

会用电工刀、钢丝钳或剥线钳来剖削绝缘层。

### 1. 塑料硬线的剖削方法

具体方法如表 2-2-1 所示。

表 2-2-1　塑料硬线的剖削方法

| 项　　目 | 图　　示 | 操　作　说　明 |
|---|---|---|
| 芯线截面积为 4 mm² 及其以下的塑料硬线 | | 使用钢丝钳剖削：<br>（1）用左手捏住导线，在需要剖削线头处，用钢丝钳刀口轻轻切破绝缘层，但不可切伤芯线<br>（2）用左手拉紧导线，右手握住钢丝钳头部用力向外除去塑料层<br>（3）剖削出的线芯应保持完整无损，如有损伤，应剪断后，重新剖削 |
| 芯线截面积大于 4 mm² 的塑料硬线 | | 线芯截面积大于 4 mm² 的塑料硬线，可用电工刀来剖削绝缘层 |
| | | 用电工刀以 45°角斜切入塑料绝缘层，不可切入线芯，否则会降低导线的机械强度并增加导线的电阻 |
| | | 切入后将电工刀与导线芯线保持 25°角左右，用力要均匀，向线端推削。注意不要割伤金属芯线 |
| | | 削去上面一层塑料绝缘层 |
| | | 将下面塑料绝缘层向后扳翻 |
| | | 用电工刀齐根切去这部分塑料层 |
| | | 剥去线端全部塑料层，露出芯线 |

**2. 塑料软线绝缘层的剖削**

具体方法如表2-2-2所示。

表 2-2-2　塑料软线绝缘层的剖削方法

| 步骤 | 图　　示 | 操　作　说　明 |
|---|---|---|
| 1 | ① | 用左手拇、食两指捏住线头 |
| 2 | 所需长度 ② | 按连接所需长度，用钳头刀口轻切绝缘层。注意：只要切破绝缘层即可，千万不可用力过大，使切痕过深 |
| 3 | ③　不应存在断股或长股 | 迅速将手从钢丝钳柄部移至头部。在移位过程中切不可松动已切破绝缘层的钳头。同时，左手食指应围绕一圈导线，并握拳捏住导线。然后两手反向用力，左手抽右手勒，即可使端部绝缘层脱离芯线 |

**3. 塑料护套线绝缘层的剖削**

具体方法如表2-2-3所示。

表 2-2-3　塑料护套线绝缘层的剖削方法

| 步骤 | 图　　示 | 操　作　说　明 |
|---|---|---|
| 1 | | 按所需线头长度用电工刀刀尖对准芯线缝隙划开护套层 |
| 2 | | 向后扳翻护套层，用电工刀把它齐根切去 |

| 步骤 | 图 示 | 操 作 说 明 |
|---|---|---|
| 3 | 护套层 5～10 mm 线芯 绝缘层 | 在距离护套层5～10 mm处，用电工刀以倾斜45°切入绝缘层。其他剖削方法同塑料硬线绝缘层的剖削 |

#### 4. 橡皮线绝缘层的剖削

具体方法如表2-2-4所示。

**表2-2-4 橡皮线绝缘层的剖削方法**

| 步骤 | 图 示 | 操 作 说 明 |
|---|---|---|
| 1 | | 按所需长度在橡皮线的线头位置用电工刀割破一圈 |
| 2 | ① 保护层 | 削去上层保护层 |
| 3 | ② | 将剩余的保护层扳翻后齐根切去，剖削方法与剖削护套线的保护层方法类似 |
| 4 | ③ 橡胶绝缘层 | 露出橡胶绝缘层 |
| 5 | ④ 线芯 | 在距离保护层约10 mm处，用电工刀以倾斜45°切入绝缘层。其他剖削方法同塑料硬线绝缘层的剖削 |
| 6 | ⑤ 10 mm | 最后将松散棉纱层翻到根部，用电工刀切去 |

#### 5. 花线绝缘层的剖削

具体方法如表2-2-5所示。

**表2-2-5 花线绝缘层的剖削方法**

| 步骤 | 图 示 | 操 作 说 明 |
|---|---|---|
| 1 | | 在所需长度处用电工刀在棉纱纺织物保护层四周切割一圈后拉去 |
| 2 | 10 mm | 距棉纱纺织物保护层末端10 mm处，用钢丝钳刀口切割橡胶绝缘层，不能损伤芯线。然后右手握住钳头，左手把花线用力抽拉，钳口勒出橡胶绝缘层 |
| 3 | | 最后把包裹芯线的棉纱层松散开，用电工刀割去 |

## 二、铜芯导线的连接

在配线工程中，导线连接是一道非常重要的工序，导线的连接质量影响着线路和设备运行的可靠性和安全程度，线路的故障往往发生在导线接头处。安装的线路能否安全可靠地运行，在很大程度上取决于导线接头的质量，对导线连接的基本要求如下：

（1）接触紧密，接头电阻小，稳定性好，与同长度同截面导线的电阻比值不应大于1。

（2）接头的机械强度应不小于导线机械强度的80%。

（3）有一定耐腐蚀的能力。

（4）导线接头的绝缘强度应与导线的绝缘程度一致。

注意：不同金属材料的导体不能直接连接；同一档距内不得使用不同线径的导线。

### 1. 单股铜芯线直线连接

具体方法如表2-2-6所示。

表2-2-6 单股铜芯线直线连接方法

| 步骤 | 图 示 | 操 作 说 明 |
|---|---|---|
| 1 | | 绝缘剖削长度为芯线直径的70倍左右，去掉氧化层，并把两线头的芯线成X形相交 |
| 2 | | 互相绞接2~3圈 |
| 3 | | 扳直两端线头 |
| 4 | | 将每个线头在芯线上紧贴并缠绕6~8圈 |
| 5 | | 用钢丝钳切去余下的芯线，并钳平芯线末端 |

### 2. 单股铜芯线分支连接

具体方法如表2-2-7所示。

表2-2-7 单股铜芯线分支连接方法

| 步骤 | 图 示 | 操 作 说 明 |
|---|---|---|
| 1 | | 把支路导线线头的芯线垂直绞在干线芯线上 |

| 步骤 | 图　　示 | 操　作　说　明 |
|------|---------|----------------|
| 2 | 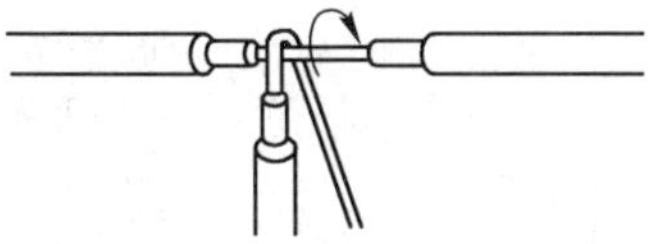 | 按顺时针方向缠绕支路芯线 |
| 3 | 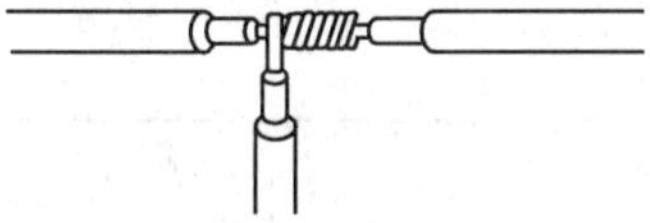 | 缠绕很紧密的6～8圈后，用钢丝钳切去余下的芯线，并钳平支路芯线的末端 |
| 4 | 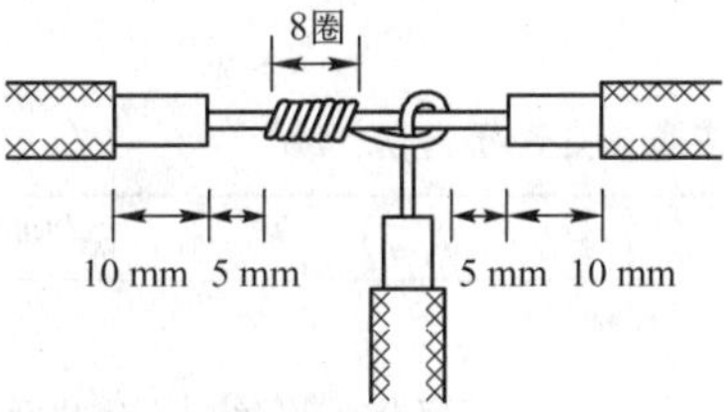 8圈<br>10 mm　5 mm　5 mm　10 mm | 将支路芯线的线头与干线芯线十字相交，在支路芯线根部留出5 mm，然后顺时针方向缠绕支路芯线，缠绕6～8圈后，用钢丝钳切去余下的芯线，并钳平芯线末端 |

### 3. 七股铜芯线直线连接

具体方法如表2-2-8所示。

表2-2-8　七股铜芯线直线连接方法

| 步骤 | 图　　示 | 操　作　说　明 |
|------|---------|----------------|
| 1 | 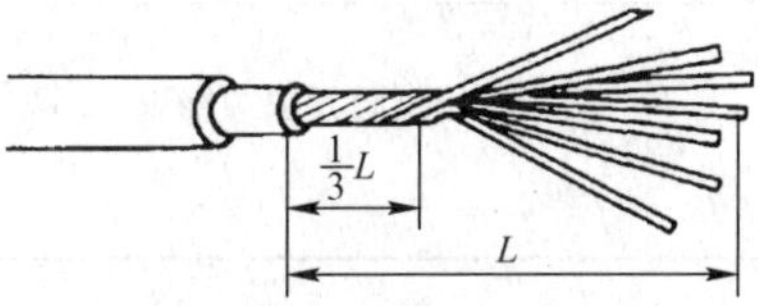 $\frac{1}{3}L$　　$L$ | 先将剥去绝缘层的芯线头散开并拉直，再把靠近绝缘层1/3线段的芯线绞紧，然后把余下的2/3芯线头按图示分散成伞状，并将每根芯线拉直 |
| 2 | 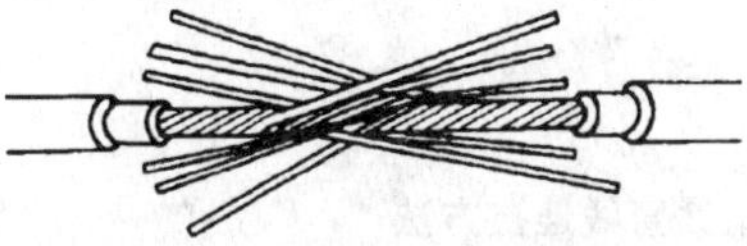 | 把两个伞形芯线线头隔根对叉，必须相对插到底 |
| 3 | 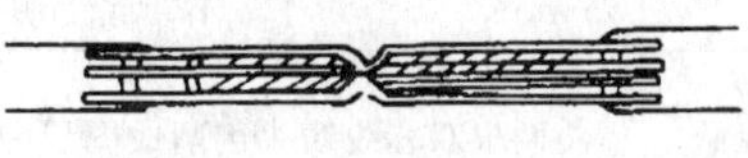 | 捏平叉入后的两侧所有芯线，并应理直每股芯线和使每股芯线的间隔均匀；同时用钢丝钳钳紧叉口处消除空隙 |
| 4 | 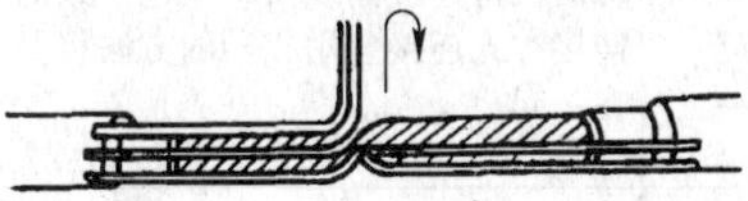 | 先在一端把邻近两股芯线在距叉口中线约3根单股芯线直径宽度处扳至垂直 |
| 5 |  | 把这两股芯线按顺时针方向紧缠2圈后，再折回90°，并平卧在折起前的轴线位置上 |
| 6 |  | 把处于紧挨平卧前邻近的2根芯线折成90°，并按步骤5的方法加工 |

续表

| 步骤 | 图　示 | 操作说明 |
|---|---|---|
| 7 |   | 把余下的 3 根芯线按步骤 5 的方法缠绕 3 圈，然后剪去余端，钳平切口，不留毛刺 |
| 8 |   | 另一根芯线按步骤 4～7 方法进行加工 |

### 4. 七股铜芯线分支连接

具体连接方法如表 2-2-9 所示。

表 2-2-9　七股铜芯线分支连接方法

| 步骤 | 图　示 | 操作说明 |
|---|---|---|
| 1 | 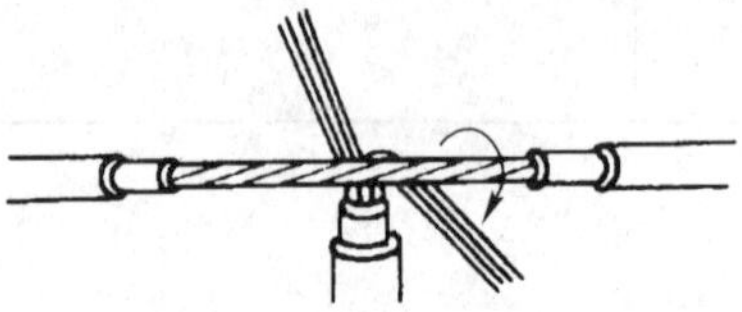  | 在支线留出的连接线头 1/8 根部进一步绞紧，余部分散，支线线头分成两组，四根一组的插入干线的中间（干线分别以三四股分组，两组中间留出插缝） |
| 2 |   | 将三股芯线的一组往干线一边按顺时针缠 3～4 圈，剪去余线，钳平切口 |
| 3 |   | 另一组用相同方法缠绕 4～5 圈，剪去余线，钳平切口 |

### 5. 双芯铜线直线连接法

具体方法如表 2-2-10 所示。

表 2-2-10　双芯铜线直线连接方法

| 步骤 | 图　示 | 操作说明 |
|---|---|---|
| 1 | 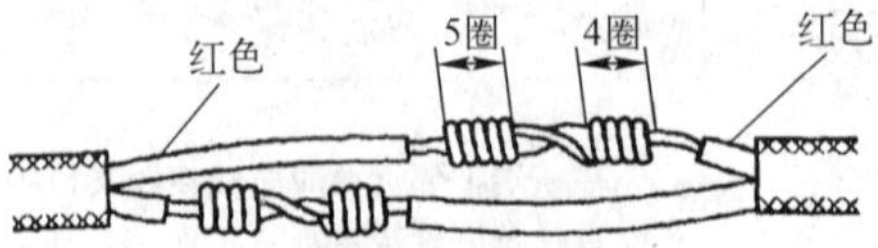  | 将两根双芯线线头剖削成图示中的形式。连接时，将两根待连接的线头中颜色一致的芯线按小截面直线连接方式连接。用相同的方法将另一颜色的芯线连接在一起 |
| 2 |   | 将三股芯线的一组往干线一边按顺时针缠 3～4 圈，剪去余线，钳平切口 |
| 3 |   | 另一组用相同方法缠绕 4～5 圈，剪去余线，钳平切口 |

### 6. 铜芯导线接头处的锡焊

具体方法如表 2-2-11 所示。

表 2-2-11　铜芯导线接头处的锡焊方法

| 方　　法 | 图　示　与　说　明 |
|---|---|
| 电烙铁锡焊 | $10\ \text{mm}^2$ 及其以下的铜芯导线接头，可用 150 W 电烙铁进行锡焊。锡焊前，接头上均须涂一层无酸焊锡膏，待烙铁烧热后，即可锡焊 |
| 浇焊 | $16\ \text{mm}^2$ 及其以上铜芯导线接头，应用浇焊法。浇焊时，首先将焊锡放在化锡锅内，用喷灯或电炉熔化，使表面呈磷黄色，焊锡即达到高热。然后将导线接头放在锡锅上面，用勺盛上熔化的锡，从接头上面浇下，如左图所示。刚开始时，因为接头较冷，锡在接头上不会有很好的流动性，应继续浇下去，使接头处温度提高，直到全部焊牢为止。最后用抹布轻轻擦去焊渣，使接头表面光滑 |

## 三、铝芯导线的连接

由于铝极易氧化，且铝氧化膜的电阻率很高，所以铝芯导线不宜采用铜芯导线的方法进行连接，铝芯导线常采用螺钉压接法和压接管压接法连接。

### 1. 螺钉压接法连接

螺钉压接法适用于负荷较小的单股铝芯导线的连接。具体方法如表 2-2-12 所示。

表 2-2-12　双芯铜线直线连接方法

| 方　　法 | 图　　示 | 操　作　说　明 |
|---|---|---|
| 针孔式接线桩的连接方法 | 安装步骤 | 把削去绝缘层的铝芯线头用钢丝刷刷去表面的铝氧化膜，并涂上中性凡士林 |
| | | 做直线连接时，先把每根铝芯导线在接近线端处卷上 2～3 圈，以备线头断裂后再次连接用。然后把 4 个线头两两相对地插入两只瓷接头（又称接线桥）的 4 个接线桩上，最后旋紧接线桩上的螺钉 |
| | | 在做分路连接时，要把支路导线的两个芯线头分别插入两个瓷接头的两个接线桩上，最后旋紧螺钉 |

| 方　法 | 图　示 | 操　作　说　明 |
|---|---|---|
| 螺钉平压式接线桩的连接方法 | 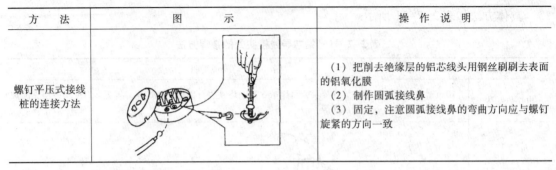 | （1）把削去绝缘层的铝芯线头用钢丝刷刷去表面的铝氧化膜<br>（2）制作圆弧接线鼻<br>（3）固定，注意圆弧接线鼻的弯曲方向应与螺钉旋紧的方向一致 |

**2. 压接管压接法连接**

具体方法如表 2-2-13 所示。

表 2-2-13　压接管压接法连接方法

| 步骤 | 图　示 | 操　作　说　明 |
|---|---|---|
| 1 | 压接管 | 接线前，先选好合适的压接管，清除线头表面和压接管内壁上的氧化层和污物，涂上中性凡士林 |
| 2 | 25～30mm | 将两根线头相对插入并穿出压接管，使两线端各自伸出压接管 25～30 mm |
| 3 | | 用压接钳压接 |
| 4 | | 如果压接钢芯铝绞线，则应在两根芯线之间垫上一层铝质垫片，压接钳在压接管上的压坑数目，室内线头通常为 4 个，室外通常为 6 个 |

## 四、线头与接线桩的连接

具体方法如表 2-2-14 所示。

表 2-2-14　线头与接线桩的连接方法

| 名　称 | 图　示 | 操　作　说　明 |
|---|---|---|
| 单股芯线与针孔接线桩连接 | 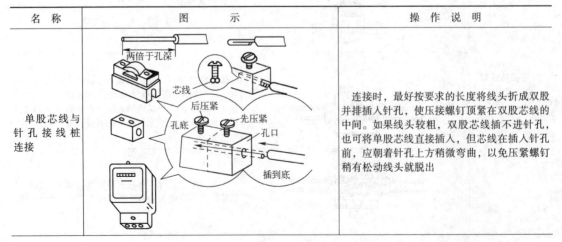 | 连接时，最好按要求的长度将线头折成双股并排插入针孔，使压接螺钉顶紧在双股芯线的中间。如果线头较粗，双股芯线插不进针孔，也可将单股芯线直接插入，但芯线在插入针孔前，应朝着针孔上方稍微弯曲，以免压紧螺钉稍有松动线头就脱出 |

| 名　称 | 图　示 | 操　作　说　明 |
|---|---|---|
| 单股芯线与平压式接线桩的连接 | 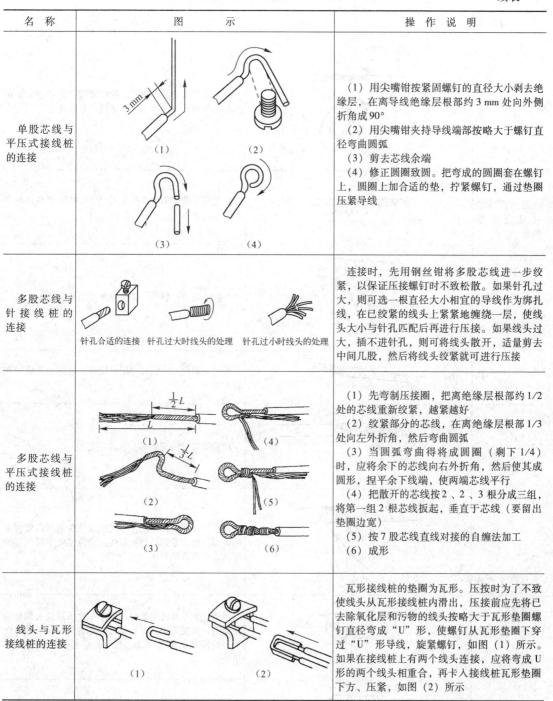 | （1）用尖嘴钳按紧固螺钉的直径大小剥去绝缘层，在离导线绝缘层根部约 3 mm 处向外侧折角成 90°<br>（2）用尖嘴钳夹持导线端部按略大于螺钉直径弯曲圆弧<br>（3）剪去芯线余端<br>（4）修正圆圈致圆。把弯成的圆圈套在螺钉上，圆圈上加合适的垫，拧紧螺钉，通过垫圈压紧导线 |
| 多股芯线与针接线桩的连接 | 针孔合适的连接　针孔过大时线头的处理　针孔过小时线头的处理 | 连接时，先用钢丝钳将多股芯线进一步绞紧，以保证压接螺钉时不致松散。如果针孔过大，则可选一根直径大小相宜的导线作为绑扎线，在已绞紧的线头上紧紧地缠绕一层，使线头大小与针孔匹配后再进行压接。如果线头过大，插不进针孔，则可将线头散开，适量剪去中间几股，然后将线头绞紧就可进行压接 |
| 多股芯线与平压式接线桩的连接 | | （1）先弯制压接圈，把离绝缘层根部约 1/2 处的芯线重新绞紧，越紧越好<br>（2）绞紧部分的芯线，在离绝缘层根部 1/3 处向左外折角，然后弯曲圆弧<br>（3）当圆弧弯曲得将成圆圈（剩下 1/4）时，应将余下的芯线向右外折角，然后使其成圆形，捏平余下线端，使两端芯线平行<br>（4）把散开的芯线按 2、2、3 根分成三组，将第一组 2 根芯线扳起，垂直于芯线（要留出垫圈边宽）<br>（5）按 7 股芯线直线对接的自缠法加工<br>（6）成形 |
| 线头与瓦形接线桩的连接 | | 瓦形接线桩的垫圈为瓦形。压按时为了不致使线头从瓦形接线桩内滑出，压接前应先将已去除氧化层和污物的线头按大于瓦形垫圈螺钉直径弯成"U"形，使螺钉从瓦形垫圈下穿过"U"形弯导线，旋紧螺钉，如图（1）所示。如果在接线桩上有两个线头连接，应将弯成 U 形的两个线头相重合，再卡入接线桩瓦形垫圈下方、压紧，如图（2）所示 |

## 五、导线绝缘的恢复

导线绝缘层破损后必须恢复绝缘，导线连接后，也必须恢复绝缘。恢复后的绝缘强度不应低于原来的绝缘层。通常用黄蜡带、涤纶薄膜带和黑胶布作为恢复绝缘层的材料，黄蜡带和黑胶布一般宽为 20 mm 较适中，包扎也方便。具体方法如表 2-2-15 所示。

表 2-2-15  导线绝缘的恢复方法

| 名　　称 | 图　　示 | 操　作　说　明 |
|---|---|---|
| 导线直线连接处绝缘层恢复 | 约两根宽带 | 将黄蜡带从导线左边完整的绝缘层上开始包扎，包扎两根带宽后方可进入无绝缘层的芯线部分 |
|  | *w*/2 *w* 55° | 包扎时，黄蜡带与导线保持约55°的倾斜角，每圈压叠带宽的1/2 |
|  |  | 包扎一层黄蜡带后，将黑胶布接在黄蜡带的尾端 |
|  |  | 按另一斜叠方向包扎一层黑胶布，每圈也压叠带宽的1/2 |
| 导线 T 字形连接处绝缘层的恢复 |  | 用黄蜡带（或塑料带）从左端起包 |
|  |  | 包至分支线时，应用左手拇指顶住左侧直角处包上的带面，使它紧贴转角处芯线，并应使处于线顶部的带面尽量向右侧斜压 |
|  |  | 当围绕到右侧转角处时，用左手食指顶住右侧直角处带面，并使带面在干线顶部向左侧斜压，与被压在下边的带面呈火状交叉，然后把带再回绕到右侧转角处 |
|  |  | 带沿紧贴住支线连接处根端，开始在支线上缠包，包至完好绝缘层上约两根带宽时，原带折回再包至支线连接处根端，并把带向干线左侧斜压（不宜倾斜太多） |

| 名　称 | 图　　示 | 操 作 说 明 |
|---|---|---|
| 导线 T 形连接处绝缘层的恢复 | | 当带围过干线顶部后，紧贴干线右侧的支线连接处开始在干线右侧芯线上进行包缠 |
| | | 包至干线另一端的完好绝缘层上后，接上黑胶带 |

## 技能训练

### 一、目的要求

掌握导线剖削、连接与绝缘恢复操作要领。

### 二、工具及器材

（1）工具：测电笔、螺钉旋具、尖嘴钳、斜口钳、剥线钳、电工刀等。

（2）器材：黑胶布、塑料及橡胶导线若干。

### 三、训练内容

（1）各种导线绝缘层的剖削。

（2）导线的直线与分支连接。

（3）导线绝缘层的恢复。

### 四、训练步骤

（1）教师示范。

（2）学生练习：

① 剖削绝缘层。

② 将导线进行直线与分支连接。

③ 恢复绝缘层。

**安全提示：**

（1）注意操作规范和人身安全。

（2）导线剖削时，不要用力太大以防损伤导线，若损伤较多应重新剖削。剖削导线方向不要冲人，防止剖削导线线皮飞出伤人。

（3）使用电工刀时，刀口应向外不要冲人，防止刀刃伤人。

（4）在对塑料软线和花线绝缘层进行剖削时，不要有拉长、截断的现象。

（5）连接导线时，导线的剖削长度要合适。

（6）不损伤导线，互绞要紧密，钳平无毛刺。

（7）有足够的机械强度和良好的绝缘性能。

### 五、评分标准

评分标准如表 2-2-16 所示。

表 2-2-16　评分标准

| 项目内容 | 配分 | 评分标准 | 扣分 | 得分 |
|---|---|---|---|---|
| 导线绝缘层剥削 | 20 | （1）使用方法不当，每处扣 5 分<br>（2）损伤线芯，每处扣 5 分 | | |
| 导线连接 | 50 | （1）缠绕方法不正确扣 10 分<br>（2）密排并绕不紧有间隙，每处扣 5 分<br>（3）导线缠绕不整齐 扣 10 分<br>（4）切口不平整，每处扣 5 分 | | |
| 绝缘恢复 | 30 | （1）使用方法不当，每处扣 5 分<br>（2）包缠质量不达标扣 20 分 | | |
| 安全文明生产 | | 违反安全文明生产规程扣 5～40 分 | | |
| 定额时间 45 min | | 每超时 5 min 以内按扣 5 分计算 | | |
| 备注 | | 除定额时间外，各项目的最高扣分不应超过配分数 | 成绩 | |

### 巩固提高

（1）如何进行塑料硬线绝缘层的剥削？

（2）如何进行塑料软线绝缘层的剥削？

（3）如何进行护套线绝缘层的剥削？

（4）如何进行单股铜导线的直线连接和分支连接？

（5）如何进行七股铜导线的直线连接和分支连接？

（6）如何恢复导线的绝缘层？

# 课题三　常见电工材料及其选用

### 学习目标

◆ 了解常用电工材料的类型、特点及典型产品。

◆ 掌握绝缘导线的选择方法。

### 学习内容

## 一、绝缘材料

绝缘材料又称电介质，其电阻率大于 $10^9 \Omega \cdot m$（某种材料制成的长度为 1 m、横截面积为 1 mm² 的导线的电阻，称作这种材料的电阻率），它在外加电压的作用下，只有很微小的电流通过，这就是通常所说的不导电物质。绝缘材料的主要功能是能将带电体与不带电体相隔离，将不同电位的导体相隔离，以确保电流的流向或人身的安全。在某些场合，还起支撑、固定、灭弧、防晕、防潮等作用。

绝缘材料种类繁多，按其形态可分为气体绝缘材料、液体绝缘材料和固体绝缘材料三大类。电工作业常见的主要是固体绝缘材料。

**1. 绝缘材料的基本性能**

绝缘材料的品质在很大程度上决定了电工产品和电气工程的质量及使用寿命，而其品质的优劣与它的物理、化学、机械和电气等基本性能有关，这里仅就其中的耐热性、绝缘强度、力学性能进行简要的介绍。

（1）耐热性：指绝缘材料承受高温而不改变介电、机械、理化等特性的能力。通常，电气设备的绝缘材料长期在热态下工作，其耐热性是决定绝缘性能的主要因素。因此，对各种绝缘材料都规定了使用时的极限温度，并将绝缘材料按其正常运行条件下允许的最高工作温度，分成七个耐热等级，如表 2-3-1 所示。

表 2-3-1 绝缘材料的耐热等级

| 级别 | 极限工作温度/℃ | 绝 缘 材 料 |
|---|---|---|
| Y | 90 | 木材、棉花、纸、纤维等天然的纺织品，以醋酸纤维和聚酰胺为基础的纺织品，以及易于热分解和熔化点较低的塑料（脲醛树脂） |
| A | 105 | 工作于矿物油中的和用油或油树脂复合胶浸过的 Y 级材料、漆包线、漆布、漆丝的绝缘及油性漆、沥青漆等 |
| E | 120 | 聚酯薄膜和 A 级材料复合、玻璃布、油性树脂漆、聚乙烯醇缩醛高强度漆包、乙酸乙烯耐热漆包线 |
| B | 130 | 聚酯薄膜、经合适树脂黏合式浸渍涂覆的云母、玻璃纤维、石棉等，聚酯漆包线 |
| F | 155 | 以有机纤维材料补强和石棉带补强的云母片制品，玻璃丝和石棉，玻璃漆布，以玻璃丝布和石棉纤维为基础的层压制品，以无机料做补强和石棉带补强的云母粉制品，化学热稳定性较好的聚酯和醇酸类材料，复合硅有机聚酯漆 |
| H | 180 | 无补强或以无机材料为补强的云母制品、加厚的 F 级材料、复合云母、有机硅云母制品、硅有机漆、硅有机橡皮聚酰亚胺复合玻璃布、复合薄膜、聚酰亚胺漆等 |
| C | >180 | 不采用任何有机黏合剂及浸渍济的无机物，如石英、石棉、云母、玻璃和电瓷材料等 |

（2）绝缘强度：绝缘材料在高于某一极限数值的电压作用下，通过电介质的电流将会突然增加，这时绝缘材料被破坏而失去绝缘性能，这种现象称为电介质的击穿。电介质发生击穿时的电压称为击穿电压。单位厚度的电介质被击穿时的电压称为绝缘强度，又称击穿强度，单位为 kV/mm。

需要指出，固体绝缘材料一旦被击穿，其分子结构发生改变，即使取消外加电压，它的绝缘性能也不能恢复到原来的状态。

（3）力学性能：绝缘材料的力学性能也有多种指标，其中主要一项是抗张强度，它表示绝缘材料承受力的能力。

**2. 常用绝缘制品**

常用的绝缘纤维制品由植物纤维、无碱玻璃纤维和合成纤维制成，包括的品种有绝缘纸和绝缘纸板、玻璃纤维制品、浸渍纤维制品、绝缘层压板等，是绝缘材料的一大类。其中，维修电工常用的有绝缘纸（板）和浸渍纤维制品。

（1）绝缘纸（板）：绝缘纸分植物纤维纸和合成纤维纸两类。植物纤维纸由未漂白的硫酸盐木浆经抄纸而成，主要品种有电缆纸、电话纸、电容器纸、卷缠纸和浸渍纸等。合成纤维纸由合成纤维抄纸而成，主要品种有聚酯纤维纸、耐高温纤维纸等。

（2）浸渍纤维制品：浸渍纤维制品以绝缘纤维材料为底材，浸以绝缘漆制成。经过浸漆，漆填充了纤维材料的毛孔和空隙，并在制品表面形成一层光滑的漆膜，与原纤维材料相比，浸渍纤维制品的机械强度、电气性能、耐潮性能、耐热等级都有显著提高。常用的浸渍纤维制品有漆布和漆管。

① 漆布：漆布按其底材分为棉漆布、漆绸、玻璃漆布和玻璃纤维合成交织漆布等几类，分别由相应的底材浸以不同的绝缘漆制成。它主要用作电动机、电器的衬垫和线圈的绝缘。常用的是 2432 醇酸玻璃漆布，具有良好的电气性能和耐热性、防霉性。

使用漆布时，要包绕严密，不可出现皱折和气囊，不能出现机械损伤，以免影响其电气性能。当漆布与浸渍漆相接触时，应注意两者的相溶性。

② 绝缘漆管：由棉、涤纶、玻璃纤维管浸以不同的绝缘漆制成，其耐热、耐油及柔软性能均取决于所用底材和浸渍漆。它主要用作电动机、电器的引出线或连接线的绝缘套管。常用的是 2730 醇酸玻璃漆管，通常称为黄腊管，具有良好的电气性能和力学性能，耐油性、耐热、耐潮性好。

（3）电工塑料：塑料是由合成树脂或天然树脂、填充剂、增塑剂和添加剂等配合而成的高分子绝缘材料。它有密度小、机械强度高、介电性能好、耐热、耐腐蚀、易加工等优点，在一定的温度压力下可以加工成各种规格、形状的电工设备绝缘零件，是主要的导线绝缘和护层材料。

根据所用树脂类型，塑料可分为热固性塑料和热塑性塑料两类。

① 热固性塑料：在热压成型后，成为不熔的化学物，热固性塑料只能塑制一次。常用热固性塑料有酚醛塑料、酚醛玻璃纤维塑料、脲醛塑料等。

② 热塑性塑料：在热压或热挤出成型后，仍具有可熔性，可反复多次成型。常用热塑性塑料如下：

◆ 苯乙烯—丁二烯—丙烯腈共聚物（ABS）：这就是常用的 ABS 塑料，它由苯乙烯、丁二烯和丙烯腈共聚而成。呈象牙色不透明体，有良好的综合性能，主要用于制作各种仪表和电动工具的外壳、支架、接线板等。

◆ 1010 聚酰胺：俗称尼龙，是由癸二酸与癸二胺聚缩而成，呈白色的半透明体，在常温下具有较高的机械强度，良好的冲击韧性、耐磨性、自润滑性和较好的电气性能。主要用来制作插座、线圈骨架、接线板以及机械零部件等，也常用来做绝缘护套、导线绝缘护层等。

◆ 聚苯乙烯（PS）：由苯乙烯聚合而成，是无色透明体，有优良的电气性能，主要用作各种仪表外壳、开关按钮、线圈骨架、绝缘垫圈、绝缘套管等。

◆ 聚甲基丙烯酸甲脂（PMMA）：PMMA 由甲基丙烯酸甲脂单体聚合而成，俗称有机玻璃。它是可透光的无色透明体，电气性能优良，适于制作仪表零件、绝缘零件、接线柱及读数透镜等。

◆ 聚氯乙烯（PVC）：由氯乙烯聚合而得到的柔软塑料，具有优良的电气性能，主要用作电线电缆的绝缘和保护层，用作绝缘时耐压等级为 10 kV。PVC 按耐温条件分别为 65℃、80℃、90℃、105℃ 四种，护层级耐温 65℃。

◆ 聚乙烯（PE）：具有优良的电气性能，主要用作通信电缆、电力电缆的绝缘和护层材料。

（4）电工橡皮：橡皮分天然橡皮和人工合成橡皮。

① 天然橡皮：由橡皮树分泌的浆液制成，主要成分是聚异戊二烯，其抗张强度、抗撕性和回弹性一般比合成橡皮好，但不耐热，易老化，不耐臭氧，不耐油和不耐有机溶剂，且易燃。天然橡皮适合制作柔软性、弯曲性和弹性要求较高的电线电缆绝缘和护套，长期使用温度为 60 ～ 65℃，耐电压等级可达 6 kV。

② 合成橡皮：它是碳氢化合物的合成物，主要用作电线电缆的绝缘和护套材料。

（5）绝缘薄膜：由若干高分子聚合物，通过拉伸、流涎、浸涂、车削辗压和吹塑等方法制成。选择不同材料和方法可以制成不同特性和用途的绝缘薄膜。电工用绝缘薄膜厚度在 0.006 ～ 0.5 mm 之间，具有柔软、耐潮、电气性能和力学性能好的特点，主要用作电动机、电器线圈和电线电缆包绝缘以及电容器介质。

（6）绝缘黏带：电工用绝缘黏带有三类：织物黏带、薄膜黏带和无底材黏带。

织物黏带是以无碱玻璃布或棉布为底材，涂以胶黏剂，再经烘焙、切带而成。薄膜黏带是在薄膜的一面或两面涂以胶黏剂，再经烘焙、切带而成。无底材黏带由硅橡皮或丁基橡皮和填料、硫化剂等经混炼、挤压而成。绝缘黏带多用于导线、线圈作绝缘用，其特点是在缠绕后自行黏牢，使用方便，但应注意保持黏面清洁。

常用绝缘黏带如下：

① 黑胶布：又称绝缘胶布带、黑包布、布绝缘胶带，是电工用途最广，用量最多的绝缘黏带。黑胶布是在棉布上刮胶、卷切而成。胶浆由天然橡皮、炭黑、松香、松节油、重质碳酸钙、沥青及工业汽油等制成，有较好的黏着性和绝缘性能。它适用于交流电压 380 V 以下（含 380 V）的电线、电缆作包扎绝缘，在 –10 ～ +40℃ 环境范围使用。使用时，不必借用工具即可撕断，操作方便。

黑胶布主要技术性能如下：

绝缘强度在交流 50 Hz、1 000 V 电压下持续 1 min 而不击穿；不含有对铜、铝导线起腐蚀作用的有害物质，如果使铜线芯变成蓝黑色、铝芯附有白色粉末物质，则说明该黑胶布有质量问题，不应使用。

黑胶布的宽度有 10 mm、15 mm、20 mm、25 mm、50 mm 等五种规格，常用的是 20 mm 的黑胶布。

② 聚氯乙烯胶带：这是常说的塑料绝缘胶带，它是在聚氯乙烯薄膜上涂敷胶浆卷切而成，其外形与黑胶布类似。塑料绝缘胶带绝缘性能、黏着力及防水性均比黑胶布好，并且具有多种颜色，它可代替黑胶布。除了包扎电线电缆外，还可用于密封保护层。但使用时不易用手撕断，需用电工刀或剪刀切割。

③ 涤纶胶带：在涤纶薄膜上涂敷胶浆卷切而成。其基材薄、强度高而透明，防水性更好，化学稳定性优良。涤纶胶带的用途比塑料绝缘胶带广泛，除可包扎电线电缆外，常用来

做密封保护层。使用时需用剪刀或刀片划痕，然后撕断。

## 二、常用导电材料

导电材料的主要用途是输送和传递电流，是相对绝缘材料而言的，能够通过电流的物体称为导电材料，其电阻率与绝缘材料相比大大降低，一般都在 $0.1\ \Omega \cdot m$ 以下。大部分金属都具良好的导电性能，但不是所有金属都可作为理想的导电材料，作为导电材料应考虑这样几个因素：（1）导电性能好（即电阻系数小）；（2）有一定的机械强度；（3）不易氧化和腐蚀；（4）容易加工和焊接；（5）资源丰富，价格便宜。

导电材料分为一般导电材料和特殊导电材料。一般导电材料又称良导体材料，是专门传送电流的金属材料。要求其电阻率小、导热性优、线胀系数小、抗拉强度适中、耐腐蚀、不易氧化等。常用的良导体材料主要有铜、铝、铁、钨、锡、铅等，其中铜和铝是优良的导电材料，基本上符合上述要求，因此常用作主要的导电材料。在一些特殊的使用场合，也有用合金作为导电材料的。

### 1. 铜和铝

铜的导电性能强，电阻率为 $1.724 \times 10^{-8}\ \Omega \cdot m$。因其在常温下具有足够的机械强度，延展性能良好，化学性能稳定，故便于加工、不易氧化和腐蚀，易焊接。常用导电用铜是含铜量在 99.9% 以上的工业纯铜。电动机、变压器上使用的是含铜量在 99.5% ~ 99.95% 之间的纯铜（俗称紫铜），其中硬铜做导电的零部件，软铜做电动机、电器等线圈。杂质、冷变形、温度和耐腐蚀性等是影响铜性能的主要因素。

铝的导电性及抗腐蚀性能好，易于加工，其导电性能、机械强度稍逊于铜。铝的电阻率为 $2.864 \times 10^{-8}\ \Omega \cdot m$，但铝的密度比铜小（仅为铜的 33%），因此导电性能相同的两根导线相比，则铝导线的截面积虽比铜导线大 1.68 倍，但重量反比铜导线的轻了约一半。而且铝的资源丰富、价格低廉，是目前推广使用的导电材料。目前，在架空线路、照明线路、动力线路、汇流排、变压器和中、小型电动机的线圈都已广泛使用铝线。唯一不足的是铝的焊接工艺较复杂，质硬塑性差，因而在维修电工中广泛应用的仍是铜导线。与铜一样影响铝性能的主要因素有杂质、冷变形、温度和耐蚀性等。

### 2. 绝缘导线

绝缘导线是指导体外表有绝缘层的导线。绝缘层的主要作用是隔离带电体或不同电位的导体，使电流按指定的方向流动。

根据其作用，绝缘导线可分为电气装备用绝缘导线和电磁线两大类。

（1）电气装备用绝缘导线：包括将电能直接传输到各种用电设备、电器的电源连接线，各种电气设备内部的装接线，以及各种电气设备的控制、信号、继电保护和仪表用电线。

电气装备用绝缘线的芯线多由铜、铝制成，可采用单股或多股。它的绝缘层可采用橡皮、塑料、棉纱、纤维等。绝缘导线分塑料和橡皮绝缘线，常用的符号有 BV——铜芯塑料线、BLV——铝芯塑料线、BX——铜芯橡皮线、BLX——铝芯橡皮线。绝缘导线常用截面积有 $0.5\ mm^2$、$1\ mm^2$、$1.5\ mm^2$、$2.5\ mm^2$、$4\ mm^2$、$6\ mm^2$、$10\ mm^2$、$16\ mm^2$、$25\ mm^2$、$35\ mm^2$、$50\ mm^2$、$70\ mm^2$、$95\ mm^2$、$120\ mm^2$、$150\ mm^2$、$185\ mm^2$、$240\ mm^2$、$300\ mm^2$、$400\ mm^2$。

① 塑料线：其绝缘层为聚氯乙烯材料，亦称聚氯乙烯绝缘导线。按芯线材料可分成塑

料铜线和塑料铝线。塑料铜线与塑料铝线相比较，其突出特点是：在相同规格条件下，载流量大、机械强度好，但价格相对昂贵。主要用于低压开关柜、电器设备内部配线及室内、户外照明和动力配线，用于室内、户外配线时，必须配相应的穿线管。

塑料铜线按芯线根数可分成塑料硬线和塑料软线。塑料硬线有单芯和多芯之分，单芯规格一般为 $1 \sim 6 \ mm^2$，多芯规格一般为 $10 \sim 185 \ mm^2$。塑料软线为多芯，其规格一般为 $0.1 \sim 95 \ mm^2$。这类电线柔软，可多次弯曲，外径小而质量轻，它在家用电器和照明中应用极为广泛，在各种交直流的移动式电器、电工仪表及自动装置中也适用，常用的有 RV 型聚氯乙烯绝缘单芯软线，塑料铜线的绝缘电压一般为 500 V。塑料铝线全为硬线，亦有单芯和多芯之分，其规格一般为 $1.5 \sim 185 \ mm^2$，绝缘电压为 500 V。

② 橡皮线：其绝缘层外面附有纤维纺织层，按芯线材料可分成橡皮铜线和橡皮铝线，其主要特点是绝缘护套耐磨，防风雨日晒能力强。RXB 型棉纱编织橡皮绝缘平型软线和 RXS 型软线也常用作家用电器、照明用吊灯电源线。使用时要注意工作电压，大多为交流 250 V 或直流 500 V 以下。RVV 型则用于交流 1 000 V 以下。橡皮铜线规格一般为 $1 \sim 185 \ mm^2$，橡皮铝线规格为 $1.5 \sim 240 \ mm^2$，其绝缘电压一般均为 500 V。主要用于户外照明和动力配线，架空时亦可明敷。

③ 塑料屏蔽电线：在聚氯乙烯绝缘层外包一层金属箔，或编织一层金属网的绝缘电线（或软线），称作聚氯乙烯绝缘屏蔽线。这样既可以减少外界电磁波对绝缘电线内部导线的干扰，又可减少绝缘电线内部导线电流产生的电磁场对外界的影响。因而它广泛应用于要求防止相互干扰的电工仪表、电子设备、自动控制及广播电视等电路中。常用的型号为 BVP 型聚氯乙烯绝缘屏蔽线和 BYVP 聚氯乙烯型绝缘和护套屏蔽线。使用屏蔽电线时要注意将屏蔽金属层接地。

（2）电磁线：它是实现电能与磁能互相转换的导电绝缘线。常用的电磁线有漆包线和绕包线两类。电磁线在电机、电器及电工仪表中作为绕组元件的绝缘导线，其特点是为减小绕组体积，因而绝缘层很薄。电磁线的选用一般应考虑耐热性、电性能、相容性、环境条件等因素。

① 漆包线：它是电磁线的一种，由铜材或铝材制成，其外涂有绝缘漆作为绝缘保护层。漆包线特别是漆包铜线，漆膜均匀、光滑柔软，有利于线圈的自动绕制，广泛用于中小型电工产品中。漆包线也有很多种，按漆膜及作用特点可分为普通漆包线、耐高温漆包线、自粘漆包线、特种漆包线等，其中普通漆包线是一般电工常用的品种，如 Q 型油性漆包线、QQ 型缩醛漆包线、QZ 型聚酯漆包线。

② 绕包线：也是电磁线的一种，它是在漆包线或导线芯上用天然丝、玻璃丝、绝缘纸或合成薄膜等紧密绕包在导线上制成绝缘层的绝缘导线，通常所说的纱包线、丝包线都属于绕包线。也有漆包线上再绕包绝缘层的，除薄膜绝缘层外，其他的绝缘层均需经胶粘绝缘浸渍处理。一般用于大、中型电工产品。绕包线一般分为纸包线、薄膜绕包线、玻璃丝包线及玻璃丝包漆包线。

（3）其他电线：护套软线绝缘层由两部分组成：一为公共塑料绝缘层，将多根芯线包裹在里面；二为每根软铜芯线的塑料绝缘层，其规格有单芯、两芯、三芯、四芯、五芯等，且每根芯线截面积较小，一般为 $0.1 \sim 2.5\,\mathrm{mm}^2$，常做照明电源线或控制信号线之用，它还可以在野外一般环境中用作轻型移动式电源线和信号控制线。此外，还有塑料扁平线或平行线等。

**3. 各种常用电线型号及主要用途**

各种常用电线型号及主要用途如表 2-3-2 所示。

表 2-3-2　各种常用电线型号及主要用途

| 名　称 | 型号 | 主 要 用 途 |
|---|---|---|
| 铜芯塑料绝缘线 | BV | 室内外电器、动力、照明等固定敷设 |
| 铝芯塑料绝缘线 | BLV | 室内外电器、动力、照明等固定敷设 |
| 铜芯塑料绝缘软线 | BVR | 室内外电器、动力、照明等同定敷设，适宜安装要求较柔软场合 |
| 橡皮花线 | BXH | 室内电器、照明等固定敷设，适宜安装要求较柔软场合 |
| 铜芯塑料绝缘护套软线 | RVV | 电器设备、仪表等引接线、控制线 |
| 铜芯橡皮线（绝缘棉纱编织涂蜡） | BX | 室内外电器、动力、照明等固定敷设，可明敷或暗敷 |
| 铜芯橡皮线（绝缘玻璃丝编织涂蜡） | BBX | 室内外电器、动力、照明等固定敷设，可明敷或暗敷，不宜穿管 |
| 铝芯橡皮线（绝缘棉纱编织涂蜡） | BLX | 室内外电器、动力、照明等固定敷设，可明敷或暗敷 |
| 铜芯橡皮软线（绝缘棉纱编织涂蜡） | BXR | 室内外电器、动力、照明等固定敷设，适宜安装要求较柔软场合 |
| 铝芯橡皮线（绝缘玻璃丝编织涂蜡） | BBLX | 室内外电器、动力、照明等固定敷设，可明敷或暗敷，不宜穿管 |
| 铜母线 | TMY | 动力、照明汇流排及其他电器制品 |
| 铝母线 | LMY | 动力、照明汇流排及其他电器制品 |
| 铜芯橡皮绝缘棉纱编织蜡克线 | BXL | 室内外电器、动力、照明等固定敷设，可明敷或暗敷 |
| 铜芯橡皮绝缘棉纱编织蜡克软线 | BXLR | 室内外电器、动力、照明等固定敷设，适宜安装要求较柔软场合 |
| 铜芯橡皮绝缘聚氯乙烯护套软线 | BXVR | 电器设备、仪表等引接线，控制线 |
| 双芯橡皮线 | BXS | 室内外电器、照明等固定敷设 |
| 铜芯穿管橡皮线 | BXG | 室内外电器、动力、照明等固定敷设，宜穿管 |
| 铝芯橡皮绝缘聚氯乙烯护套线 | BLXV | 室内外电器、动力、照明等固定敷设 |

## 三、电热材料

电热材料主要用于制造电热器具及电阻加热设备中的发热元件，作为电阻接入电路，将电能转换为热能。对电热材料的要求是电阻率要高，电阻温度系数要小，能耐高温，在高温下抗氧化性好，便于加工成形等。常用的电热材料主要有镍铬合金、铁铬铝合金及高熔点纯金属等。

## 四、绝缘导线的选择

**1. 绝缘导线种类的选择**

导线种类主要根据使用环境和使用条件来选择。

室内环境如果是潮湿的，如水泵房或者有酸碱性腐蚀气体的厂房，应选用塑料绝缘导线，以提高抗腐蚀能力保证绝缘。比较干燥的房屋，如图书室、宿舍，可选用橡皮绝缘导线，对于温度变化不大的室内，在日光不直接照射的地方，也可以采用塑料绝缘导线。

电动机的室内配线，一般采用橡胶绝缘导线，但在地下敷设时，应采用地埋塑料电力绝缘导线。经常移动的绝缘导线，如移动电器的引线、吊灯线等，应采用多股软绝缘护套线。

**2. 绝缘导线截面的选择**

绝缘导线使用时首先要考虑最大安全载流量。某截面的绝缘导线在不超过最高工作温度（一般为 65 ℃）条件下，允许长期通过的最大电流为最大安全载流量。

（1）按允许载流量来选择。导线的允许载流量又称导线的安全载流量或安全电流值。一般绝缘导线的最高允许工作温度为 65 ℃，若超过这个温度，导线的绝缘层就会迅速老化，变质损坏，甚至会引起火灾。所谓导线的允许载流量，就是导线的工作温度不超过 65 ℃ 时可长期通过的最大电流值。

由于导线的工作温度除与导线通过的电流有关外，还与导线的散热条件和环境温度有关，所以导线的允许载流量并非某一固定值。同一导线采用不同的敷设方式（敷设方式不同，其散热条件也不同）或处于不同的环境温度时，其允许载流量也不相同。不同敷设方式、不同种类的绝缘导线允许载流量如表 2-3-3、表 2-3-4 所示。

表 2-3-3　500 V 单芯橡皮绝缘导线在空气中敷设长期连续负荷允许载流量

| 截面积/mm² | 长期连续负荷允许载流量/A | |
|---|---|---|
| | 铜 芯 | 铝 芯 |
| 1.5 | 27 | 19 |
| 2.5 | 35 | 27 |
| 4 | 45 | 35 |
| 6 | 58 | 45 |
| 10 | 85 | 65 |
| 16 | 110 | 85 |
| 25 | 145 | 110 |
| 35 | 180 | 138 |
| 50 | 230 | 175 |
| 70 | 285 | 220 |
| 95 | 345 | 265 |

注：适用绝缘导线型号为 BX、BLX、BXF、BLXF、BXR。

表 2-3-4　500 V 单芯聚乙烯绝缘导线在空气中敷设长期连续负荷允许载流量

| 截面积/mm² | 长期连续负荷允许载流量/A | |
|---|---|---|
| | 铜 芯 | 铝 芯 |
| 0.75 | 16 | — |
| 1.0 | 19 | — |
| 1.5 | 24 | 18 |

| 截面积/mm² | 长期连续负荷允许载流量/A | |
| --- | --- | --- |
| | 铜　芯 | 铝　芯 |
| 2.5 | 32 | 25 |
| 4 | 42 | 32 |
| 6 | 55 | 42 |
| 10 | 75 | 59 |
| 16 | 105 | 80 |
| 25 | 138 | 105 |
| 35 | 170 | 130 |
| 50 | 215 | 165 |
| 70 | 265 | 205 |
| 95 | 325 | 250 |

注：适用绝缘导线型号为 BV、BLV、BVR。

表 2-3-5、表 2-3-6 中所列允许载流量，即绝缘导线线芯最高允许工作温度为 65 ℃、周围环境温度为 25 ℃时的允许载流量。如果绝缘导线运行的实际环境温度高于或低于 25 ℃，为延长导线的使用寿命，减少损耗，可对绝缘导线允许载流量进行修正。

**表 2-3-5　500 V 单芯橡皮绝缘导线穿钢管时在空气中敷设长期连续负荷允许载流量**

| 截面积/mm² | 长期连续负荷允许载流量/A | | | | | |
| --- | --- | --- | --- | --- | --- | --- |
| | 穿两根导线 | | 穿三根导线 | | 穿四根导线 | |
| | 铜　芯 | 铝　芯 | 铜　芯 | 铝　芯 | 铜　芯 | 铝　芯 |
| 1.0 | 15 | — | 14 | — | 12 | — |
| 1.5 | 20 | 15 | 18 | 14 | 17 | 11 |
| 2.5 | 28 | 21 | 25 | 19 | 23 | 16 |
| 4 | 37 | 28 | 33 | 25 | 30 | 23 |
| 6 | 49 | 37 | 43 | 34 | 39 | 30 |
| 10 | 68 | 52 | 60 | 46 | 53 | 40 |
| 16 | 86 | 66 | 77 | 59 | 69 | 52 |
| 25 | 113 | 86 | 100 | 76 | 90 | 68 |
| 35 | 140 | 106 | 122 | 94 | 110 | 83 |
| 50 | 175 | 133 | 154 | 119 | 137 | 105 |
| 70 | 215 | 165 | 193 | 150 | 173 | 133 |
| 95 | 260 | 200 | 235 | 180 | 210 | 160 |
| 120 | 300 | 230 | 270 | 210 | 245 | 190 |
| 150 | 340 | 260 | 310 | 240 | 280 | 220 |
| 185 | 385 | 295 | 355 | 270 | 320 | 250 |

注：适用导线型号为 BX、BLX、BXF、BLXF。

表 2-3-6 500 V 单芯聚氯乙烯绝缘导线穿钢管时在空气中敷设长期连续负荷允许载流量

| 截面积/mm² | 长期连续负荷允许载流量/A | | | | | |
|---|---|---|---|---|---|---|
| | 穿两根导线 | | 穿三根导线 | | 穿四根导线 | |
| | 铜 芯 | 铝 芯 | 铜 芯 | 铝 芯 | 铜 芯 | 铝 芯 |
| 1.0 | 14 | — | 13 | — | 11 | — |
| 1.5 | 19 | 15 | 17 | 13 | 16 | 12 |
| 2.5 | 26 | 20 | 24 | 18 | 22 | 15 |
| 4 | 35 | 27 | 31 | 24 | 28 | 22 |
| 6 | 47 | 35 | 41 | 32 | 37 | 28 |
| 10 | 65 | 49 | 57 | 44 | 50 | 38 |
| 16 | 82 | 63 | 73 | 56 | 65 | 50 |
| 25 | 107 | 80 | 95 | 70 | 85 | 65 |
| 35 | 133 | 100 | 115 | 90 | 105 | 80 |
| 50 | 165 | 125 | 146 | 110 | 130 | 100 |
| 70 | 205 | 155 | 183 | 143 | 165 | 127 |
| 95 | 250 | 190 | 225 | 170 | 200 | 152 |
| 120 | 290 | 220 | 260 | 195 | 230 | 172 |
| 150 | 330 | 250 | 300 | 225 | 265 | 200 |
| 180 | 380 | 285 | 340 | 255 | 300 | 230 |

注：适用绝缘导线型号为 BV、BLV。

（2）按机械强度选择。负荷太小时，如果按允许载流量计算选择的绝缘导线截面积也太小，绝缘导线细往往不能满足机械强度的要求，容易发生断线事故，因此对于室内配线线芯的最小允许截面积有专门的规定，如表 2-3-7 所示。当按允许载流量选择的绝缘导线截面积小于表上的规定时，则应按表中绝缘导线的截面积来选择。

表 2-3-7 室内配线线芯最小允许截面积

| 用 途 | | 线芯最小允许截面积/mm² | | |
|---|---|---|---|---|
| | | 多股铜芯线 | 单根铜线 | 单根铝线 |
| 灯头下引线 | | 0.4 | 0.5 | 1.5 |
| 移动式电器引线 | | 生活：0.2 生产用：1.0 | 不宜使用 | 不宜使用 |
| 管内穿线 | | 不宜使用 | 1.0 | 2.5 |
| 固定敷设导线 支持点间的距离 | 1 m 以内 | 不宜使用 | 1.0 | 1.5 |
| | 2 m 以内 | | 1.0 | 2.5 |
| | 6 m 以内 | | 2.5 | 4.0 |
| | 12 m 以内 | | 2.5 | 6.0 |

（3）按线路允许电压损失选择。若配线线路较长，导线截面过小，可能造成电压损失过大。这样会使电动机功率不足或发热烧毁，电灯发光效率也大大降低。所以，一般对用电设备或受电电压都有如下规定：

电动机的受电电压不应低于额定电压的 95%；照明灯的受电电压，不应低于额定电压的 95%，即允许的电压降为 5%。

室内配线的电压损失允许值，要根据电源引入处的电压值而定。若电源引入处的电压为额定电压值，可按上述受电电压允许降低值计算；若电源引入处的电压已低于额定值，则室内配线的电压损失值应相应减少，以尽量保证用电设备或电灯的最低允许受电电压值。

 **巩固提高**

（1）绝缘材料的主要性能有哪些？

（2）绝缘材料按耐热性可以分为哪几级？

（3）作为导电材料应满足的因素有哪些？

（4）如何选择导线的截面积？

# 室内线路安装与维护

室内线路的安装有明线安装和暗线安装两种。导线沿墙壁、天花板、梁与柱子等敷设，称为明线安装。导线穿管暗设在墙内、梁内、柱内、地面内、地板内或暗设在不能进入的吊顶内，称为暗线安装。

现代社会，人们生活水平和住房条件不断提高和改善，家用电气设施不断更新，室内老式配线方式正逐步被新型的配线方式和新型材料所替代。本章将介绍常用线路的配线方式及照明灯具的安装与维修方法。

## 课题一　一控一照明线路的安装

### 学习目标

◆ 了解室内配线基本知识。

◆ 掌握开关、灯座等器件的作用、分类及使用注意事项。

◆ 掌握一控一照明线路的安装方法。

### 学习内容

在照明线路中，在某一位置安装一个开关来控制一盏灯或一组灯的控制方式称为一控一照明线路。一控一照明线路在照明线路中运用最为广泛，适用于分散就近控制。

#### 一、室内配线的基本知识

**1. 室内配线的类型**

室内配线就是敷设室内用电器具、设备的供电和控制线路。室内配线有明线安装和暗线安装两种。明线安装是指导线沿墙壁、天花板、梁及柱子等表面敷设的安装方法。暗线安装是指导线穿管埋设在墙内、地下、顶棚里的安装方法。

**2. 室内配线的主要方式**

室内配线主要方式通常有夹板配线、绝缘子配线、槽板配线、护套线配线和线管配线。

**3. 室内配线的技术要求**

室内配线不仅要使电能传送安全可靠，而且要使线路布置正规、合理、整齐、安装牢固，其技术要求如下：

（1）所用导线的额定电压应大于线路的工作电压。导线的绝缘应符合线路的安装方式和敷设环境的条件。导线的截面应满足供电安全电流和机械强度的要求。

（2）配线时应尽量避免导线接头。必须有接头时，应采用压接和焊接，并用绝缘胶布将接头缠好。要求导线连接和分支处不应受到机械力的作用，穿在管内的导线不允许有接头，必要时尽可能把接头放在接线盒或灯头盒内。

（3）配线时应水平或垂直敷设。水平敷设时，导线距地面不小于 2.5 m；垂直敷设时，导线距地面不小于 2 m。否则，应将导线穿在钢管内加以保护，以防机械损伤。同时所配线路要便于检查和维修。

（4）当导线穿过楼板时，应设钢管加以保护，钢管长度应从离楼板面 2 m 高处至楼板下出口处。导线穿墙要用瓷管保护，瓷管两端的出线口伸出墙面不小于 10 mm，这样可以防止导线和墙壁接触，以免墙壁潮湿而产生漏电现象。当导线互相交叉时，为避免碰线，在每根导线上均应套塑料管或其他绝缘管，并将套管固定紧，以防其发生移动。

（5）为了确保安全用电，室内电气管线和配电设备与其他管道、设备间的最小距离都有明确规定，如不能满足距离，则应采取其他的保护措施。

**4. 室内配线的主要工序**

（1）根据照明电气施工图确定配电板（箱）、灯座、插座、开关、接线盒和木砖等预埋件的位置。

（2）沿建筑物确定导线敷设的路径、穿越墙壁或楼板时的具体位置。

（3）配合土建施工，预埋好线管或布线固定材料、接线盒（包括插座盒、开关盒、灯座盒）及木砖等预埋件。对于线管弯头多或穿线难度大的场所，预先在线管中穿好引导铁丝。

（4）安装固定导线的元件。

（5）敷设导线。

（6）连接导线及分支、包缠绝缘。

（7）检查线路安装质量。

（8）完成灯座、插座、开关及用电设备的接线。

（9）绝缘测量及通电试验，全面验收。

## 二、一控一照明线路的安装步骤

**1. 确定施工方案**

照明线路应根据不同的现场环境、使用场合和容量来选择合适的配线方式。本课题采用单股硬线进行板前明装配线。

**2. 准备器材元件**

根据确定好的施工方案准备施工材料及工具。

**3. 定位**

根据布置图确定电源、开关及灯具位置并做好记号。

**4. 画线**

根据确定的位置和线路的走向画线。方法如下：在需要走线的路径上，将线袋的线拉紧绷直，弹出的线条要做到横平竖直。具体方法如表 3-1-1 所示。

表 3-1-1　画 线 方 法

| 序　号 | 图　　示 | 操 作 说 明 |
|---|---|---|
| 1 | | 垂直位置吊铅坠线 |
| 2 | | 水平位置画线 |

**5. 确定导线根数，绘制接线图**

根据电气原理图，确定每一条线上导线的根数，同时设计绘制接线图，如图 3-1-1 所示。

**6. 固定熔断器**

在电源处固定熔断器。熔断器作为照明线路的短路保护。

**知识拓展：**

熔断器是低压配电网络和电力拖动系统中主要用作短路保护的电器。使用时串联在被保护的电路中，当电路发生短路故障，通过熔断器的电流达到或超过某一规定值时，以其自身产生的热量使熔体熔断，从而自动分断电路，起到保护作用。它具有结构简单、价格便宜、动作可靠、使用维护方便等优点，因此得到广泛应用。熔断器主要由熔体、安装熔体的熔管和熔座三部分组成。使用时按照上进下出的原则接线。

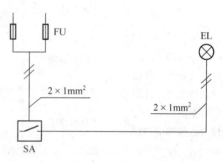

图 3-1-1　接线图

**7. 布线**

将导线按需要放出一定的长度，然后剪断整直。

**8. 安装灯具**

白炽灯灯具由灯泡、灯座、灯罩、接线盒等组成。在安装前选用合适的灯具，是一项很重要的内容，通常根据安装的现场和安装使用条件、电压的高低而定。相关知识如表 3-1-2 所示。

表 3-1-2　白炽灯灯具知识

| 项　目 | 图示与说明 |
|---|---|
| 灯具安装基本要求 | （1）在潮湿、危险场所及户外应不低于 2.5 m<br>（2）在不属于潮湿、危险场所的生产车间、办公室、商店及住房等一般不低于 2 m<br>（3）如因生产和生活需要，必须将灯具适当放低时，灯头的最低垂直距离不应低于 1 m。但应在吊灯线上加绝缘套管至离地 2 m 的高度，并应采用安全灯头<br>（4）灯头高度低于上述规定而又无安全措施的车间、行灯和机床局部照明，应采用 36 V 及以下的电压 |

| 项 目 | 图示与说明 |
|---|---|
| 工作原理 | 白炽灯是利用电流通过灯丝电阻的热效应将电能转换成光能和热能 |
| 灯泡主要结构 | 灯泡的主要工作部分是灯丝，由电阻率较高的钨丝制成。为了防止断裂，灯丝多绕成螺旋圈式。40 W 以下的灯泡内部抽成真空；40 W 以上的灯泡在内部抽成真空后充有少量氩气或氮气等气体，以减少钨丝挥发，延长灯丝寿命。灯泡通电后，灯丝在高电阻作用下迅速发热发红，直到白炽程度而发光，白炽灯由此得名 |

| 分类 | 螺口式 |  |
|---|---|---|
| | 卡口式 |  |

| 灯座又叫灯头，其作用是固定灯泡并供给电源。按固定灯泡的形式分为螺口灯座和卡口灯座两种；按安装方式又分为吊灯座和平灯座 | 螺口平灯座 | 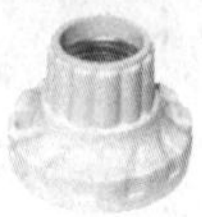 |
|---|---|---|
| | 螺口吊灯座 |  |
| | 卡口灯座 |  |

灯座的安装方法如表 3-1-3 所示。

**表 3-1-3　灯座的安装方法**

| 名　称 | 图　示 | 说　明 |
|---|---|---|
| 圆木的安装 | 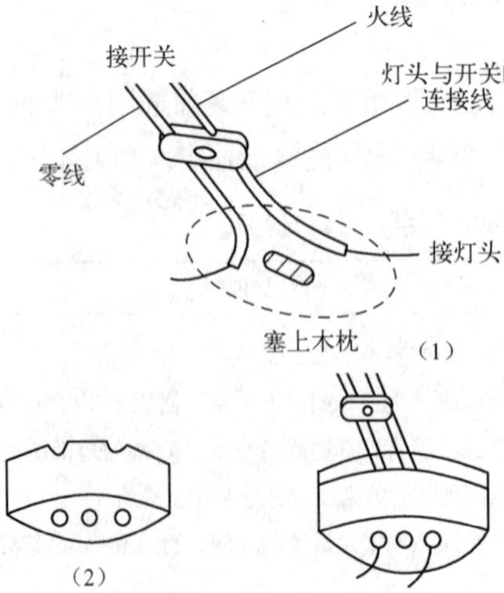 | （1）先在准备安装挂线盒的地方打孔，预埋木榫或膨胀螺栓<br>（2）在圆木底面用电工刀刻两条槽；在圆木中间钻 3 个小孔<br>（3）将两根导线嵌入木槽内，并将两根电源线端头分别从两个小孔中穿出，通过中间小孔用木螺钉将圆木固定在木榫或膨胀螺栓上 |

| 名　　称 | 图　　示 | 说　　明 |
|---|---|---|
| 挂线盒的安装 | 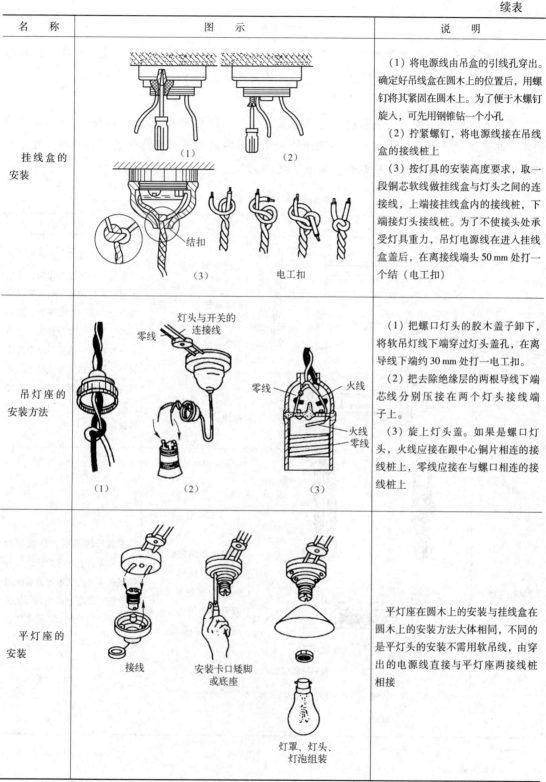 | （1）将电源线由吊盒的引线孔穿出。确定好吊线盒在圆木上的位置后，用螺钉将其紧固在圆木上。为了便于木螺钉旋入，可先用钢锥钻一个小孔<br>（2）拧紧螺钉，将电源线接在吊线盒的接线桩上<br>（3）按灯具的安装高度要求，取一段铜芯软线做挂线盒与灯头之间的连接线，上端接挂线盒内的接线桩，下端接灯头接线桩。为了不使接头处承受灯具重力，吊灯电源线在进入挂线盒盖后，在离接线端头 50 mm 处打一个结（电工扣） |
| 吊灯座的安装方法 | | （1）把螺口灯头的胶木盖子卸下，将软吊灯线下端穿过灯头盖孔，在离导线下端约 30 mm 处打一电工扣。<br>（2）把去除绝缘层的两根导线下端芯线分别压接在两个灯头接线端子上。<br>（3）旋上灯头盖。如果是螺口灯头，火线应接在跟中心铜片相连的接线桩上，零线应接在与螺口相连的接线桩上 |
| 平灯座的安装 | | 平灯座在圆木上的安装与挂线盒在圆木上的安装方法大体相同，不同的是平灯头的安装不需用软吊线，由穿出的电源线直接与平灯座两接线桩相接 |

知识拓展：

## 固定用材料

一般电气线路安装都要有悬挂体或支撑体，要先固定好悬挂体，再固定好设备。用膨胀螺栓和木榫的固定方法，是目前最简单、最方便固定设备的方法。

### 1. 膨胀螺栓

在砖或混凝土结构上安装线路和电气装置，常用膨胀螺栓来固定。与预埋铁件施工方法相比。其优点是简单方便，省去了预埋件的工序。按膨胀螺栓所用胀管的材料不同，可分为钢制膨胀螺栓和塑料膨胀螺栓两种，如表3-1-4所示。

表3-1-4 膨胀螺栓

| 名 称 | 图 示 | 结 构 | 使用方法 |
|---|---|---|---|
| 钢制膨胀螺栓 | | 由金属胀管、锥形螺栓、垫圈、弹簧垫圈、螺母等五部分组成，在安装前必须先钻孔，孔的直径及长度应与膨胀螺栓的外径与长度相同，安装时均不需要水泥砂浆预埋 | 安装膨胀螺栓时，先将压紧螺母另一端嵌进墙孔内，然后用锤子轻轻敲打，致使其螺栓的螺母内缘与墙面平齐，用扳手拧紧螺母，螺栓和螺母就会一面拧紧，一面胀开外壳的接触片，使它挤压在孔壁上，直至将整个膨胀螺栓紧固在安装孔内。螺栓和电气设备就一起被紧固 |
| 塑料膨胀螺栓 | | 又称塑料胀管、塑料胀塞、塑料榫，由胀管和木螺钉组成。胀管通常用乙烯、聚丙烯等材料制成 | 安装纤维填料式膨胀螺栓时，只要将它的胀管嵌进钻好的墙孔中，再把电气设备通过螺钉拧到纤维填料中，可把膨胀螺栓的胀管胀紧，使电气设备固定 |

### 2. 挂线盒

挂线盒（或称吊线盒）的作用是用来悬挂吊灯或连接线路的，一般有塑料和瓷质两种。平灯座的实际安装过程如表3-1-5所示。

表 3-1-5 平灯座的安装过程

| 序号 | 图 示 | 操 作 说 明 |
|---|---|---|
| 1 | | （1）灯座需要安装在塑料圆木上<br>（2）塑料圆木在进线方向根据导线数目、直径锯出一个缺口 |
| 2 | | 剥去进入圆木的护套线的护套层，按穿线孔位置穿过导线，用螺钉固定塑料圆木，传出孔后的导线一般留有 50 mm 的长度，用木螺钉将圆木固定在原先做好记号的位置 |
| 3 | | 将开关控制的火线接入平灯座中心接线柱上。与接线柱连接处需要握圈 |
| 4 | | 将零线接入与螺口平灯座螺纹口相连的接线柱上 |
| 5 | | 用木螺钉将平灯座固定在塑料圆木上 |

## 9. 安装控制开关

开关的作用是接通或断开电源的器件，开关大都用于室内照明电路，故统称室内照明开关，也广泛用于电气器具的电路通断控制。开关的相关知识如表 3-1-6 所示。

表 3-1-6  开关的相关知识

| 项　　目 | | 图示与说明 |
|---|---|---|
| 开关安装的基本要求 | | （1）开关不能安装在零线上，必须安装在灯具电源侧的相线上，确保开关断开时灯具不带电<br>（2）室内照明开关一般安装在门边便于操作的位置上，拉线开关一般离地 2～3 m，跷板暗装开关一般离地 1.3 m，与门框的距离一般为 150～200 mm |
| 分类 | 明装开关（一般安装在木台上或直接安装在墙壁上） |  |
| | 暗装开关（一般在土建工程施工过程后安装，事先已将导线暗敷、暗盒预埋） |  |
| 其他常见开关 | 拉线开关 | 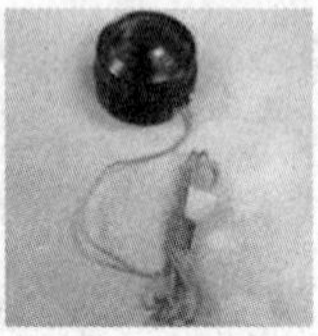 |
| | 调速开关 |  |
| | 人体感应开关 |  |
| | 触摸延时开关 |  |
| | 声光控开关 |  |

开关的安装方法如表 3-1-7 所示。

表 3-1-7  开关的安装方法

| 项　目 | 图　示 | 说　明 |
|---|---|---|
| 开关安装位置 | 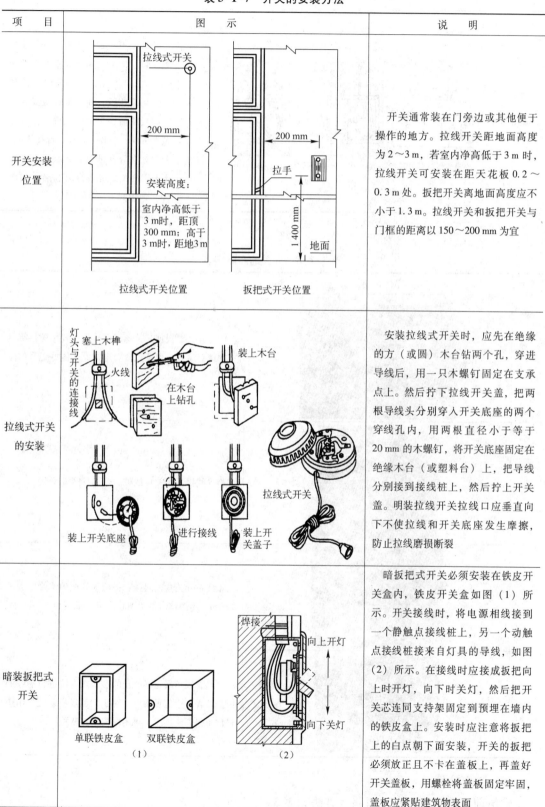 | 开关通常装在门旁边或其他便于操作的地方。拉线开关距地面高度为 2～3 m，若室内净高低于 3 m 时，拉线开关可安装在距天花板 0.2～0.3 m 处。扳把开关离地面高度应不小于 1.3 m。拉线开关和扳把开关与门框的距离以 150～200 mm 为宜 |
| 拉线式开关的安装 | | 安装拉线式开关时，应先在绝缘的方（或圆）木台钻两个孔，穿进导线后，用一只木螺钉固定在支承点上。然后拧下拉线开关盖，把两根导线头分别穿入开关底座的两个穿线孔内，用两根直径小于等于 20 mm 的木螺钉，将开关底座固定在绝缘木台（或塑料台）上，把导线分别接到接线桩上，然后拧上开关盖。明装拉线开关拉线口应垂直向下不使拉线和开关底座发生摩擦，防止拉线磨损断裂 |
| 暗装扳把式开关 | | 暗扳把式开关必须安装在铁皮开关盒内，铁皮开关盒如图（1）所示。开关接线时，将电源相线接到一个静触点接线桩上，另一个动触点接线桩接来自灯具的导线，如图（2）所示。在接线时应接成扳把向上时开灯，向下时关灯，然后把开关芯连同支持架固定到预埋在墙内的铁皮盒上。安装时应注意将扳把上的白点朝下面安装，开关的扳把必须放正且不卡在盖板上，再盖好开关盖板，用螺栓将盖板固定牢固，盖板应紧贴建筑物表面 |

续表

| 项　目 | 图　示 | 说　明 |
|---|---|---|
| 跷板式开关 | 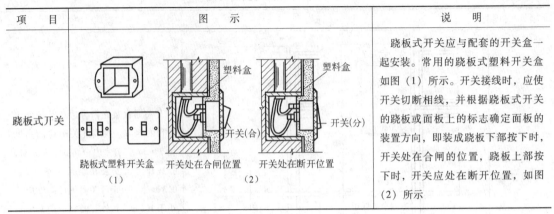 跷板式塑料开关盒 （1）　　开关处在合闸位置　开关处在断开位置 （2） | 跷板式开关应与配套的开关盒一起安装。常用的跷板式塑料开关盒如图（1）所示。开关接线时，应使开关切断相线，并根据跷板式开关的跷板或面板上的标志确定面板的装置方向，即装成跷板下部按下时，开关处在合闸的位置，跷板上部按下时，开关应处在断开位置，如图（2）所示 |

安装方法如表 3-1-8 所示。

表 3-1-8　开关的实际安装

| 序号 | 图　示 | 操　作　说　明 |
|---|---|---|
| 1 |  | 固定开关盒根据开关盒固定孔的位置用螺钉旋具将木螺钉旋入，使开关盒固定在原先做好记号的位置上 |
| 2 |  | 将导线接入开关接线桩。开关只接火线 |
| 3 |  | 零线在开关盒内对接：将两根导线的绝缘层剥去 20 mm，用钢丝钳将两铜芯线相互缠绕 |
| 4 |  | 用绝缘胶布采用半叠包的形式对导线进行绝缘的恢复处理，应包裹两层。对于潮湿场所，应先用塑料包布包裹两层后，再用黑胶布包裹两层 |

## 10. 通电检验

通电前应检查线路有无短路，方法如表 3-1-9 所示。

表 3-1-9 通电检验

| 项 目 | 图 示 | 操 作 说 明 |
|---|---|---|
| 自检 | | 用万用表电阻 $R \times 1\,\text{k}\Omega$ 挡，将两表笔分别置于两个熔断器的出线端（下桩头）进行检测。正常情况下，开关处于闭合位置时应有阻值（阻值的大小取决于负载）；开关处于断开位置（即开路）时，电阻应为无穷大 |
| 通电 | | 在线路正常的情况下，接上电源，合上开关后灯亮，断开开关则灯灭 |

安全提示：

（1）通电检验前，要认真核对电路图，检查安装接线的正确性。

（2）通电检验时，要先征得指导教师同意，并有专人进行监护。

## 三、操作安全

（1）进入实训场地必须穿好工作服。

（2）工作中注意文明操作，工具、量具及材料的放置应规范有序。

（3）应合理使用螺钉旋具，防止损坏螺钉。

（4）使用电工刀时应注意电工刀的握法，不用时应将刀身折入刀柄内，以防止伤害事故的发生。

（5）通电检验时，应在老师监护下进行，严禁单独操作。

（6）通电检验结束后，取下灯泡时注意不要烫伤。

### 技能训练

## 一、目的要求

掌握一控一照明线路的安装方法。

## 二、工具及器材

（1）工具：测电笔、螺钉旋具、尖嘴钳、斜口钳、剥线钳、电工刀、万用表等。

（2）器材：网板、熔断器、开关、接线盒、圆木、灯座、木螺钉及导线若干。

## 三、训练内容

在网板上完成白炽灯照明线路的安装，并进行通电试验。技术资料如表 3-1-10 所示。

## 四、训练步骤

（1）教师示范讲解。

（2）学生练习：

① 根据实际位置条件，设计熔断器、开关、灯座安装位置，并做好标记。

② 定位画线。

③ 布线。

④ 安装开关、灯座。

⑤ 连接白炽灯并进行自检。

⑥ 通电检验。

表 3-1-10  技 术 资 料

| 序  号 | 图  示 | 操作说明 |
|---|---|---|
| 1 | 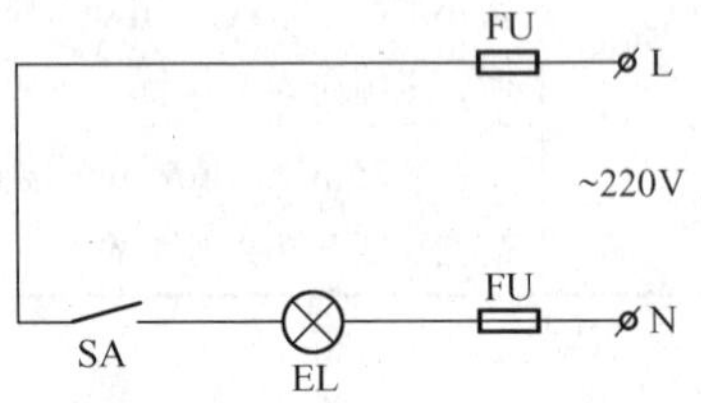 | 线路原理图 |
| 2 | 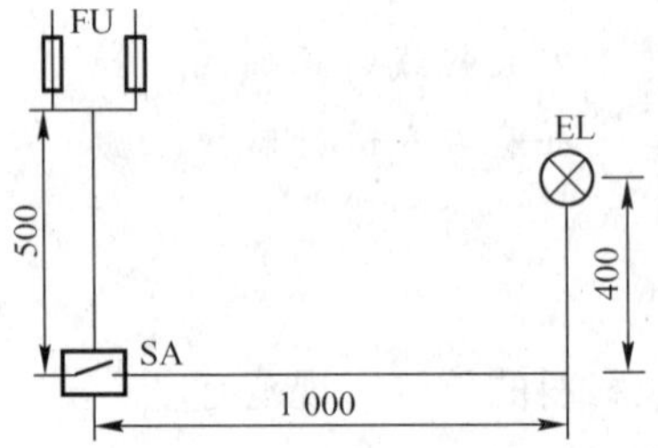 | 线路位置图 |

**知识拓展:**

万用表的使用

对线路的检验,除了进行外观检查外,还需要对照电路原理图借助万用表进行线路检查。万用表的使用方法在电工仪表课程中已经学习,在这里进行简单介绍,如表 3-1-11 所示。

表 3-1-11  万用表知识

| 项目 | 图示与说明 |
|---|---|
| 用途 | 万用表是一种多功能、多量程的便携测量仪表,一般可测量直流电流、直流电压、交流电流、交流电压、电阻和音频电平等,有的还可以测交流电流、电容量、电感量及半导体的一些参数(如 $\beta$) |
| 分类 | 指针式万用表 数字式万用表 |

| 项目 | 图示与说明 | |
|---|---|---|
| 结构 | 测量机构 |  | 万用表的主要性能指标基本上取决于表头的性能 |
| | | 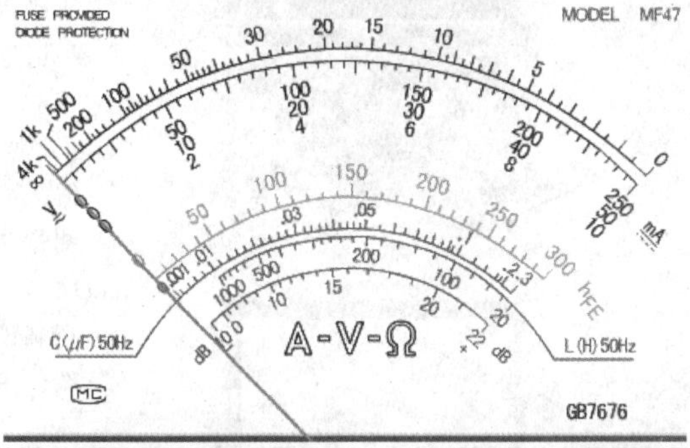 | **刻度线**<br>第一条（从上到下）指示的是电阻值<br>第二条指示的是交、直流电压和直流电流值<br>第三条指示的是晶体管直流放大倍数<br>最下面3条标指示的是电容、电感、音频电平 |
| | 转换开关 |   | 转换开关用来选择各种不同的测量线路，以满足不同种类和不同量程的测量要求。转换开关一般有一到两个，分别标有不同的挡位和量程，一般采用多层多刀多掷开关 |
| | 测量线路 |  | 测量线路是用来把各种被测量转换到适合表头测量的微小直流电流的电路，它由电阻、半导体元件及电池组成<br>它能将各种不同的被测量（如电流、电压、电阻等）、不同的量程，经过一系列处理（如整流、分流、分压等）统一变成一定量限的微小直流电流送入表头进行测量 |
| | 面板 |  | 机械调零旋钮<br>调整刻度零点<br><br>欧姆调零旋钮<br>调整电阻零点<br>晶体管测量插孔<br><br>表笔插孔<br><br>大电压表笔插孔<br><br>大电流表笔插孔 |

| 项目 | 图示与说明 | |
|---|---|---|
| 使用方法 | 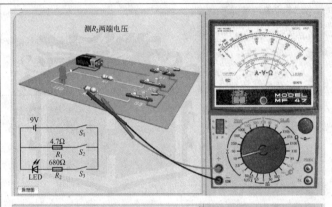 测$R_2$两端电压<br><br>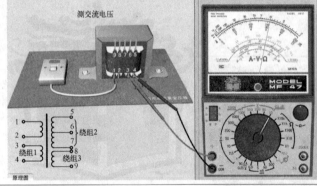 测交流电压 | （1）正确接线。红表笔接入"＋"插孔，黑表笔接入"－"插孔<br>（2）正确选择测量挡位<br>（3）估算测量量程<br>（4）测量。直流电压测量时注意极性<br>（5）正确读数。读数时要分清刻度线，在正确的刻度线上读数<br>（6）使用完毕，将转换开关置于交流电压最高挡 |
| | 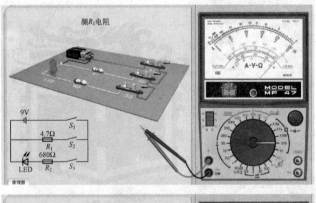 测$R_1$电阻<br><br>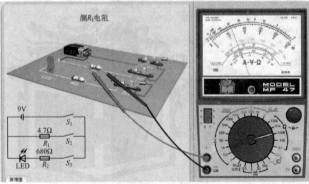 测$R_1$电阻 | （1）正确接线。红表笔接入"＋"插孔，黑表笔接入"－"插孔<br>（2）欧姆调零<br>（3）正确选择测量挡位<br>（4）估算测量倍率<br>（5）测量<br>（6）正确读数。读数时要分清刻度线，在正确的刻度线上读数<br>　　阻值＝刻度线读数×倍率<br>（7）使用完毕，将转换开关置于交流电压最高挡 |

**安全提示：** 万用表使用注意事项

（1）万用表使用时应摆放平稳，读数时目光与表盘垂直。

（2）测量时严禁带电转换量程。

（3）直流量测量注意极性，同时注意表笔极性，不得插反，对于指针式万用表，红表笔接内部电源负极，黑表笔接内部电源正极。

（4）对未知量的测量，应从最大量程开始。

（5）测量电压、电流，应使指针处在刻度线2/3以上的位置，测量电阻时，最好使指针处在刻度线的中间位置，这样做的目的是为了减少测量误差。

（6）测量前先进行机械调零，电阻测量前及换挡后也要进行欧姆调零。

（7）电阻测量要避免并联回路，同时严禁带电测量。

（8）电压测量，仪表并联在被测量两端，电流测量，仪表串联在测量线路中。

（9）使用完毕，将挡位置于交流电压最大挡。长时间不使用仪表时要将电池取出。

## 五、评分标准

评分标准如表3-1-12所示。

表3-1-12 评 分 标 准

| 项目内容 | 配分 | 评分标准 | 扣分 | 得分 |
|---|---|---|---|---|
| 线路安装 | 60 | （1）元件布局不合理，每处扣5分<br>（2）元件安装松动，每处扣5分<br>（3）损坏电器元件，每处扣5分<br>（4）相线未进开关，每处扣5分<br>（5）线芯剖削损伤，每处扣5分<br>（6）接线不符合要求，每处扣5分<br>（7）布线不美观，每处扣5分 | | |
| 通电试验 | 40 | （1）一次试车不成功扣10分<br>（2）二次试车不成功累计扣20分<br>（3）三次试车不成功累计扣30分<br>（4）安装线路错误，造成故障，每多通电一次加扣5分，扣完40分为止 | | |
| 安全文明生产 | | 违反安全文明生产规程扣5～20分 | | |
| 定额时间120 min | | 每超时5 min以内以扣5分计算 | | |
| 备注 | | 除定额时间与安全生产外，其余最高扣分不超过配分数 | 成绩 | |

## 巩固提高

（1）室内配线基本知识有哪些？

（2）熔断器的作用是什么？

（3）白炽灯泡的主要结构是什么？

（4）如何进行圆木的安装？

（5）如何安装挂线盒？

（6）如何安装吊灯座？

（7）开关安装的基本要求是什么？

# 课题二　二控二照明线路的安装

## 学习目标

◆ 掌握二控二照明线路的安装技能。

◆ 掌握护套线配线的方法和步骤。

◆ 掌握护套线布线的安装技能。

## 学习内容

照明线路中，在同一位置安装两只开关用来控制两个不同位置上的灯，此种控制方式称为二控二照明线路。二控二照明线路是在一控一线路的基础上发展而成，适用于集中控制的照明场所，如体育场馆、影剧院等，它们的灯光控制开关一般集中在一个位置，以便于操作。

### 一、二控二照明线路的安装步骤

照明线路应根据不同的现场环境、使用场合和容量来选择合适的配线方式。本课题采用护套线配线。

护套线是一种具有聚氯乙烯塑料或橡皮护套层的双芯或多芯导线，它具有防潮、耐酸和防腐蚀等性能，可直接敷设在空心楼板内和建筑物的表面，用钢精轧片或塑料卡作为导线的固定支持物。

护套线敷设的施工方法简单，线路整齐美观，造价低廉，目前已代替木槽板和瓷夹板在室内表面的明敷线路，广泛用于室内电气照明及其他配电线路。但护套线不宜直接埋入抹灰层内暗配敷设，也不宜在室外露天场所长期敷设，大容量电路也不能采用。

使用护套线配线的方法与步骤如表3-2-1所示。

表3-2-1　护套线配线安装步骤

| 项 目 | 图 示 | 说 明 |
| --- | --- | --- |
| 定位 | | 根据线路布置图确定导线的走向和各个电器的安装位置，并做好记号 |
| 画线 | | 根据确定的位置和线路的走向用弹线袋画线。方法如下：在需要走线的路径上，将线袋的线拉紧绷直，弹出线条，要做到横平竖直。垂直位置吊铅垂线，水平位置通过目测画线 |

| 项　　目 | 图　　示 | 说　　明 |
|---|---|---|
| 固定铝片线卡 | 钉孔<br>粘贴部位 | 根据每一线条上导线的数量选择合适型号的铝片线卡。铝片线卡由小到大的型号依次为 0 号、1 号、2 号、3 号、4 号等。在室内外照明线路中通常用 0 号和 1 号铝片线卡 |
| | | 根据护套线布线原则，即线卡与线卡之间的距离为 150～200 mm，弯角处轧片离弯角顶点的距离为 50～100 mm，离开关、灯座的距离为 50 mm。接下来画出钢筋轧片的位置，将小钉子插入轧片中央的小孔处，用锤子将线卡固定在所需位置 |
| | | 在砖墙上或混凝土墙上可用环氧树脂黏合剂固定铝线卡 |
| 敷设导线 | | 在小铁钉无法钉入的墙面上，应凿眼安装木榫。木榫的削制方法：先按木榫需要的长度用锯锯出木胚，然后用左手按住木胚的顶部，右手拿电工刀削制 |
| | | 将护套线按需要放出一定的长度，用钢丝钳将其剪断，然后敷设 |
| | | 如果线路较长，可一人放线，另一人敷设，注意不可使导线产生扭曲，放出的导线不得在地上拉拽，以免损伤导线护套层 |
| | | 护套线的敷设必须横平竖直。敷设时一只手拉紧导线，另一只手将导线固定在铝片线卡上 |

| 项　目 | 图　　示 | 说　　明 |
|---|---|---|
| 敷设导线 | | 护套线转弯时，用手将导线勒平后，弯曲成型，再嵌入铝片线卡，折弯半径不得小于导线直径的 3～6 倍。转弯前后应各用一个铝线卡夹住 |
| | | 对于截面较粗的护套线，为了敷直，可在直线部分的两端各装一副瓷夹，敷线时，先把护套线的一端固定在瓷夹内，然后勒直并在另一端收紧护套线后固定在另一副瓷夹中，最后把护套线依次夹入铝片线卡中 |
| | | 护套线进入木台前应安装一个铝线卡 |
| | | 两根护套线相互交叉时，交叉处要用 4 个铝线卡夹住 |
| 铝片线卡的夹持 | （1）　　　　　（2）<br>（3）　　　　　（4） | 护套线均置于铝片线卡的定位孔后，将铝片线卡收紧夹持护套线 |
| 塑料钢钉电线卡固定 | 水泥钉<br>塑料卡<br>（1）<br>电线<br>（2） | 塑料钢钉电线卡固定方式，施工方法简单、使用方便，线路整齐美观，造价低廉，目前广泛用于室内电气照明及其他配电线路。在定位及画线后进行敷设，其间距要求与铝片线卡塑料护套线配线相同 |

| 项　目 | 图　示 | 说　明 |
|---|---|---|
| 安装开关<br>灯座并接线 | | 安装开关接线盒 |
|  | | 剥去开关盒内护套线的护套，剥去长度一般为 100～150 mm，去掉线芯绝缘层 |
|  | | 将导线接入开关接线桩 |
|  | | 剥去进入圆木的护套线的护套层，按穿线孔位置穿过导线，用螺钉固定塑料圆木，传出孔后的导线一般留有 50 mm 的长度，用木螺钉将圆木固定在原先做好记号的位置 |
|  | | 将零线接入与螺口平灯座螺纹口相连的接线柱上 |
| 自检 | | 用万用表电阻 $R \times 1\,\text{k}\Omega$ 挡，将两表笔分别置于两个熔断器的出线端（下桩头）进行检测。正常情况下，开关处于闭合位置时应有阻值（阻值的大小取决于负载）；开关处于断开位置（即开路）时，电阻应为无穷大 |
| 通电检验 |  | 在线路正常的情况下，接上电源，合上开关后灯亮，断开开关则灯灭 |

**知识拓展：**

（1）护套线截面的选择。室内铜芯线不小于 $0.5\,mm^2$，铝芯线不小于 $1.5\,mm^2$；室外铜芯线不小于 $1.0\,mm^2$，铝芯线不小于 $2.5\,mm^2$。

（2）护套线与接线盒或电气设备的连接。护套线进入接线盒或电器时，护套层必须随之进入。

（3）护套线的保护。敷设护套线不得不与接地体、发热管道接近或交叉时，应加强绝缘保护。容易机械损伤的部位，应穿钢管保护。护套线在空心楼板内敷设，可不用其他保护措施，但楼板孔内不应有积水和损伤导线的杂物。

（4）线路高度要求。护套线敷设离地面最小高度不应小于 $500\,mm$，在穿越楼板及离地低于 $150\,mm$ 的一般护套线，应加电线管保护。

## 二、操作安全

（1）进入实训场地必须穿好工作服。

（2）工作中注意文明操作，工具、量具及材料的放置应规范有序。

（3）应合理使用螺钉旋具，防止损坏螺钉。

（4）使用电工刀时应注意电工刀的握法，不用时应将刀身折入刀柄内，以防止伤害事故的发生。

（5）导线进入接线盒内后方可剖削绝缘层，线芯不得裸露过长。

（6）通电检验时，应在老师监护下进行，严禁单独操作。

（7）通电检验结束后，取下灯泡时注意不要烫伤。

### 技能训练

## 一、目的要求

掌握二控二照明线路的安装方法。

## 二、工具及器材

（1）工具：测电笔、螺钉旋具、尖嘴钳、斜口钳、剥线钳、电工刀、万用表等。

（2）器材：网板、熔断器、开关、接线盒、圆木、灯座、木螺钉、铝片线卡、塑料卡钉及护套线若干。

## 三、训练内容

在网板上完成白炽灯照明线路的安装，并进行通电试验。技术资料如表 3-2-2 所示。

表 3-2-2　技 术 资 料

| 序　　号 | 图　　示 | 操 作 说 明 |
| --- | --- | --- |
| 1 | | 线路原理图 |

续表

| 序 号 | 图 示 | 操 作 说 明 |
|---|---|---|
| 2 | 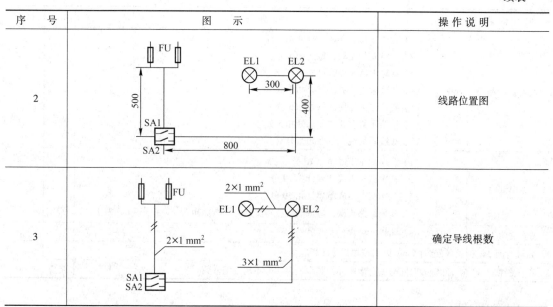 | 线路位置图 |
| 3 | | 确定导线根数 |

## 四、训练步骤

（1）教师示范讲解。

（2）学生练习：

① 根据实际位置条件，设计熔断器、开关、灯座安装位置，并做好标记。

② 定位画线。

③ 布线：

◆ 做护套线转角敷设，将护套线做好拐角，然后敷设好铝片线卡（或塑料卡钉）。

◆ 做护套线十字交叉敷设，先敷设横线，再敷设竖线。

④ 安装开关、灯座。

⑤ 连接白炽灯并进行自检。

⑥ 通电检验。

**安全提示：**

（1）直线敷设需要先将护套线调整平直。

（2）拐角敷设，注意拐角半径尺寸。

（3）安装线卡时注意间距。

（4）导线进入接线盒后必须保留足够的余量。

（5）导线与接线端子连接必须牢固可靠。

（6）导线剥削方法要正确。

（7）使用锤子要注意安全。

## 五、评分标准

评分标准如表3-2-3所示。

表 3-2-3 评分标准

| 项目内容 | 配分 | 评分标准 | 扣分 | 得分 |
|---|---|---|---|---|
| 线路安装 | 60 | (1) 元件布局不合理，每处扣5分<br>(2) 元件安装松动，每处扣5分<br>(3) 损坏电器元件，每处扣5分<br>(4) 相线未进开关，每处扣5分<br>(5) 线芯剖削损伤，每处扣5分<br>(6) 接线不符合要求，每处扣5分<br>(7) 布线不美观，每处扣5分 | | |
| 通电试验 | 40 | (1) 一次试车不成功扣10分<br>(2) 二次试车不成功累计扣20分<br>(3) 三次试车不成功累计扣30分<br>(4) 安装线路错误，造成故障，每多通电一次加扣5分，扣完40分为止 | | |
| 安全文明生产 | | 违反安全文明生产规程扣5~20分 | | |
| 定额时间 2 h | | 每超时5 min以内按扣5分计算 | | |
| 备注 | | 除定额时间与安全生产外，其余最高扣分不超过配分数 | 成绩 | |

巩固提高

（1）简述护套线布线的特点及使用场合。

（2）简述护套线布线的安装步骤。

# 课题三 二控一照明线路的安装

## 学习目标

◆ 掌握二控一照明线路的安装技能。

◆ 掌握塑料线管配线的要求和步骤。

◆ 掌握塑料线管配线的安装技能。

## 学习内容

照明线路中，在两个不同位置分别安装开关，用来控制一盏灯的控制方式称为二控一照明线路。二控一照明线路一般用于楼梯上下，使人们在上下楼梯时都能开启或关闭电路，控制灯的亮或灭，既方便使用又节约电能。

### 一、二控一照明线路的安装步骤

照明线路应根据不同的场合、容量等选择合适的配线方式。本课题采用硬塑料管配线（明管敷设）。硬塑料管配线适用于商场、办公楼及居民楼，可作为明、暗管敷设材料。目前常用的硬管材料为 PVC 管，它是以直径来表示管的规格，常用的规格有 20 mm、25 mm、30 mm、40 mm、50 mm 等。为了施工方便，PVC 管线配线有与其配套的附件，如管卡用于 PVC 管的固定，弯头用于管线的直角转弯，束节用于管与管的连接，连接件用于管与接线盒之间的连接，三通用于管线的分支，如图 3-3-1 所示。电气原理图如图 3-3-2 所示。

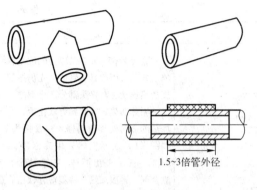

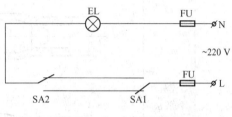

图 3-3-1 PVC 管附件　　　　　　　　　　图 3-3-2 电气原理图

使用线管配线安装步骤如表 3-3-1 所示。

表 3-3-1 线管配线安装步骤

| 项　　目 | | 图　　示 | 说　　明 |
|---|---|---|---|
| 定位划线 | | | 根据线路布置图确定导线的走向和各个电器的安装位置，做好记号，并按走向画线 |
| 选择塑料硬管 | | | 敷设电线的硬塑料管应选用热塑料管，优点是在常温下坚硬，有较大的机械强度，受热软化后，又便于加工。对管壁厚度的要求是：明敷时不应小于 2 mm；暗敷时不应小于 3 mm |
| 量取塑料硬管 | | | 根据线路走向，用卷尺量取管材长度，按尺寸截断线管 |
| 连接塑料硬管 | 直接加热连接法 | | 适用于直径为 50 mm 及以下的塑料管。连接前先将管口倒角，即将连接处的外管倒内角，内管倒外角，如左上图所示。然后将内、外管各自插接部位的接触面用汽油、苯或二氯乙烯等溶剂洗净，待溶剂挥发完后用喷灯、电炉或其他热源对插接段加热，加热长度为标称内径的 1.1～1.5 倍。也可将插接段浸在 130 ℃ 的热甘油或石蜡中加热至软化状态，将内管涂上黏合剂，趁热插入外管并调到两管轴心一致时，迅速用湿布包缠，使其尽快冷却硬化，如左下图所示 |

| 项　目 | 图　示 | 说　明 |
|---|---|---|
| 连接塑料硬管 | 模具胀管法 | 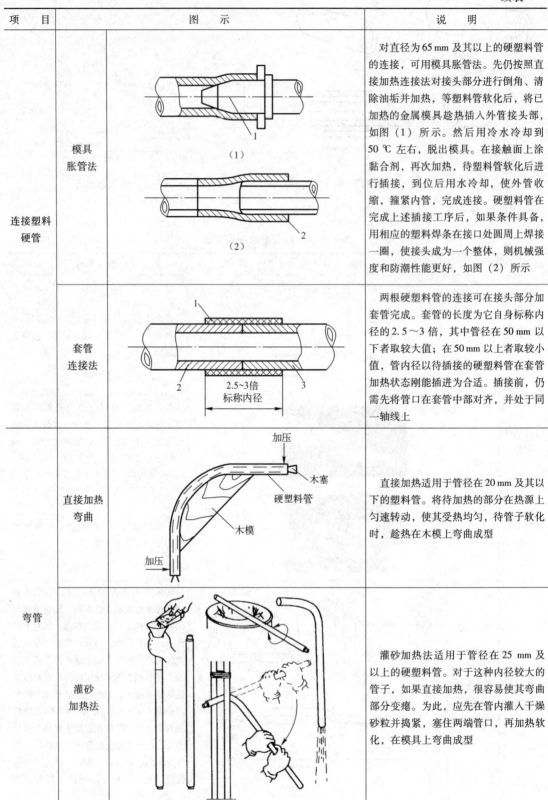 对直径为65 mm及其以上的硬塑料管的连接，可用模具胀管法。先仍按照直接加热连接法对接头部分进行倒角、清除油垢并加热，等塑料管软化后，将已加热的金属模具趁热插入外管接头部，如图（1）所示。然后用冷水冷却到50 ℃左右，脱出模具。在接触面上涂黏合剂，再次加热，待塑料管软化后进行插接，到位后用水冷却，使外管收缩，箍紧内管，完成连接。硬塑料管在完成上述插接工序后，如果条件具备，用相应的塑料焊条在接口处圆周上焊接一圈，使接头成为一个整体，则机械强度和防潮性能更好，如图（2）所示 |
| | 套管连接法 | 两根硬塑料管的连接可在接头部分加套管完成。套管的长度为它自身标称内径的2.5～3倍，其中管径在50 mm以下者取较大值；在50 mm以上者取较小值，管内径以待插接的硬塑料管在套管加热状态刚能插进为合适。插接前，仍需先将管口在套管中部对齐，并处于同一轴线上 |
| 弯管 | 直接加热弯曲 | 直接加热适用于管径在20 mm及其以下的塑料管。将待加热的部分在热源上匀速转动，使其受热均匀，待管子软化时，趁热在木模上弯曲成型 |
| | 灌砂加热法 | 灌砂加热法适用于管径在25 mm及以上的硬塑料管。对于这种内径较大的管子，如果直接加热，很容易使其弯曲部分变瘪。为此，应先在管内灌入干燥砂粒并捣紧，塞住两端管口，再加热软化，在模具上弯曲成型 |

续表

| 项　目 | 图　示 | 说　明 |
|---|---|---|
| 敷设硬塑料管并固定管卡 | 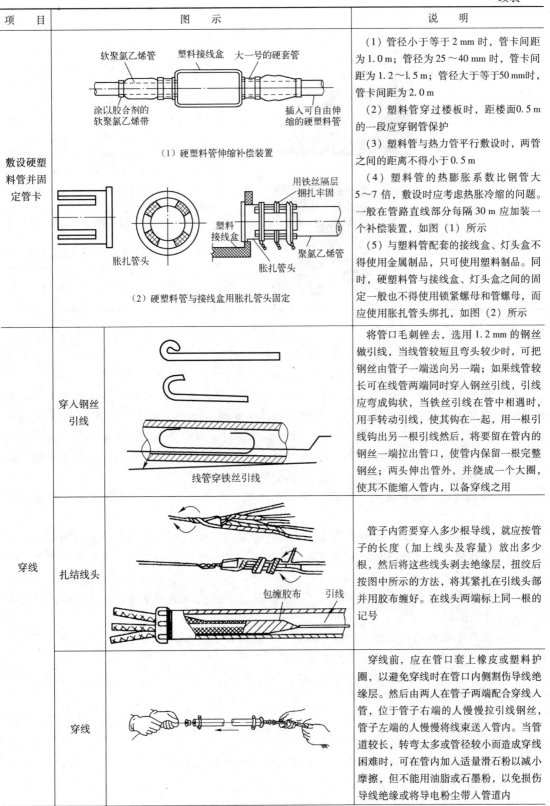 | （1）管径小于等于2 mm时，管卡间距为1.0 m；管径为25～40 mm时，管卡间距为1.2～1.5 m；管径大于等于50 mm时，管卡间距为2.0 m<br>（2）塑料管穿过楼板时，距楼面0.5 m的一段应穿钢管保护<br>（3）塑料管与热力管平行敷设时，两管之间的距离不得小于0.5 m<br>（4）塑料管的热膨胀系数比钢管大5～7倍，敷设时应考虑热胀冷缩的问题。一般在管路直线部分每隔30 m应加装一个补偿装置，如图（1）所示<br>（5）与塑料管配套的接线盒、灯头盒不得使用金属制品，只可使用塑料制品。同时，硬塑料管与接线盒、灯头盒之间的固定一般也不得使用锁紧螺母和管螺母，而应使用胀扎管头绑扎，如图（2）所示 |
| 穿线　穿入钢丝引线 | | 将管口毛刺锉去，选用1.2 mm的钢丝做引线，当线管较短且弯头较少时，可把钢丝由管子一端送向另一端；如果线管较长可在线管两端同时穿入钢丝引线，引线应弯成钩状，当铁丝引线在管中相遇时，用手转动引线，使其钩在一起，用一根引线钩出另一根引线然后，将要留在管内的钢丝一端拉出管口，使管内保留一根完整钢丝；两头伸出管外，并绕成一个大圈，使其不能缩入管内，以备穿线之用 |
| 穿线　扎结线头 | | 管子内需要穿入多少根导线，就应按管子的长度（加上线头及容量）放出多少根，然后将这些线头剥去绝缘层，扭绞后按图中所示的方法，将其紧扎在引线头部并用胶布缠好。在线头两端标上同一根的记号 |
| 穿线　穿线 | | 穿线前，应在管口套上橡皮或塑料护圈，以避免穿线时在管口内侧割伤导线绝缘层。然后由两人在管子两端配合穿线入管，位于管子右端的人慢慢拉引线钢丝，管子左端的人慢慢将线束送入管内。当管道较长，转弯太多或管径较小而造成穿线困难时，可在管内加入适量滑石粉以减小摩擦，但不能用油脂或石墨粉，以免损伤导线绝缘或将导电粉尘带入管道内 |

续表

| 项　　目 | | 图　　示 | 说　　明 |
|---|---|---|---|
| 安装开关灯座 | | | 双联开关有 3 个接线端,如图所示。其中中间的接线端为公共端,两侧分别为开关接线端。根据电路图将导线分别接入接线端,然后固定开关。 |
| | | | 开关盒内零线对接,开关直接火线。灯座火线接中心接线桩,零线接螺纹壳 |
| 通电检验 | 自检 | | 对照电气原理图,使用仪表检查线路是否有短路故障 |
| | 接通电源 | | 正确现象:操作左侧开关灯泡点亮,再操作右侧开关灯泡熄灭。或者右侧开关灯泡点亮,再操作左侧开关灯泡熄灭 |

**安全提示:**

(1)线管明敷时应采用管卡支持,管卡可直接由钢钉固定在墙上,也可以预先安装在木榫上。

(2)固定管卡的方法如下:根据 PVC 管的直径选择与其匹配的管卡,根据硬塑料管配线原则,即管卡与接线盒、转角中心及其他电器设备的边缘距离为 150 ～ 500 mm,中间直线部分的间距均分。为了保证管线牢固,根据管径不同,固定管卡的距离也不同,其间距一般是:管径 20 mm 卡距为 1 m,管径 20 ～ 50 mm 卡距为 1.5 m,管径 50 mm 以上卡距为 2 m。按上述原则在走线路径上画出管卡位置,再用螺钉旋具固定管卡即可。

(3)加热时要掌握好火候,首先要使管子软化,又不得烧伤、烤变色或使管壁出现凹凸状。

(4)弯曲半径可做如下选择:明敷不能小于管径的 6 倍,暗敷不得小于管径的 10 倍。

(5)穿线时应尽可能将同一回路的导线穿入同一管内,不同回路或不同电压的导线不得穿入同一根线管内。

(6)所穿导线的绝缘耐压不得低于 500 V,铜芯导线最小截面不得小于 1 mm²;铝芯导线不小于 2.5 mm²。

(7)在线管配线的照明线路中,一般使用单股硬线,可直接穿入管内,如遇弯角导线不能穿过时,可卸下弯角,待导线穿过后再安装。

(8)每根线管内穿线最多不超过 10 根。

(9)进入开关盒及灯座盒的导线长度不得少于 200 mm。

## 二、操作安全

(1)进入实训场地必须穿好工作服。

(2)工作中注意文明操作,工具、量具及材料的放置应规范有序。

(3)在锯割塑料硬管时应注意安全,防止伤手。

(4)在调试线路时,如需更换灯泡、打开接线盒等电器,应断电进行。

技能训练

## 一、目的要求

掌握二控一照明线路的安装方法。

## 二、工具及器材

（1）工具：测电笔、螺钉旋具、尖嘴钳、斜口钳、剥线钳、电工刀、万用表等。

（2）器材：网板、熔断器、开关、接线盒、圆木、灯座、木螺钉、铝片线卡、塑料卡钉及护套线若干。

## 三、训练内容

在网板上完成白炽灯照明线路的安装，并进行通电试验。技术资料如表 3-3-2 所示。

表 3-3-2　技 术 资 料

| 序　号 | 图　示 | 操作说明 |
|---|---|---|
| 1 | FU　EL　$2\times1\ mm^2$　$2\times1\ mm^2$　$3\times1\ mm^2$　SA1　SA2 | 确定导线根数 |
| 2 | FU　EL　400　500　400　SA1　900　SA2 | 线路位置图 |

## 四、训练步骤

（1）教师示范讲解。

（2）学生练习：

① 根据实际位置条件，设计熔断器、开关、灯座安装位置，并做好标记。

② 定位画线。

③ 敷设线管、固定管卡。

④ 穿线。

⑤ 安装开关、灯座。

⑥ 连接白炽灯并进行自检。

⑦ 通电检验。

## 五、评分标准

评分标准如表 3-3-3 所示。

表 3-3-3　评 分 标 准

| 项目内容 | 配分 | 评分标准 | 扣分 | 得分 |
|---|---|---|---|---|
| 线路安装 | 60 | (1) 元件布局不合理，每处扣 5 分<br>(2) 元件安装松动，每处扣 5 分<br>(3) 损坏电器元件，每处扣 5 分<br>(4) 相线未进开关，每处扣 5 分<br>(5) 线芯剖削损伤，每处扣 5 分<br>(6) 接线不符合要求，每处扣 5 分<br>(7) 布线不美观，每处扣 5 分 | | |
| 通电试验 | 40 | (1) 一次试车不成功扣 10 分<br>(2) 二次试车不成功累计扣 20 分<br>(3) 三次试车不成功累计扣 30 分<br>(4) 安装线路错误，造成故障，每多通电一次加扣 5 分，扣完 40 分为止 | | |
| 安全文明生产 | | 违反安全文明生产规程扣 5～20 分 | | |
| 定额时间 2.5 h | | 每超时 5 min 以内按扣 5 分计算 | | |
| 备注 | | 除定额时间与安全生产外，其余最高扣分不超过配分数 | 成绩 | |

（1）简述塑料硬管的连接方法。

（2）简述塑料硬管配线的安装步骤。

# 课题四　综合照明线路的安装

### 学习目标

◆ 掌握综合照明线路的安装技能。

◆ 掌握塑料线槽配线的方法和步骤。

◆ 掌握插座的安装及使用。

◆ 掌握白炽灯照明线路常见故障的检修方法。

### 学习内容

在同一个照明线路中，既有照明控制，又有插座的控制方式称为综合照明线路，如

图 3-4-1 所示。这种线路形式是实际生活中应用最广泛的一种照明线路，特别是在居室内。

图 3-4-1　综合照明线路

## 一、综合照明线路的安装步骤

照明线路应根据不同的场合、容量选择合适的配线方式。本课题采用线槽配线。塑料线槽分为槽底和槽盖，施工时先把槽底用木螺钉或塑料胀塞固定在墙面上，放入导线后再把槽盖盖上。线槽配线适用于办公室等干燥房屋内，一般用于照明、动力线路的配线安装。塑料槽板布线通常在墙体抹灰粉刷后进行。由于线槽配线施工方便，线路在以后的运行中改动容易，目前广泛用于工厂、学校、商场等场所。线槽的种类很多，不同的场合应合理选用，选用情况如表 3-4-1 所示。

表 3-4-1　塑料线槽的选用

| 种　类 | 图　示 | 使用说明 |
| --- | --- | --- |
| 矩形线槽 | | （1）一般室内照明等线路选用 PVC 矩形截面的线槽<br>（2）矩形线槽的规格是以截面的长、宽来表示 |
| 弧形线槽 | | （1）用于地面布线应采用带弧形截面的线槽<br>（2）弧形线槽的规格一般以宽度表示 |

| 种　类 | 图　示 | 使 用 说 明 |
|---|---|---|
| 隔栅线槽 | 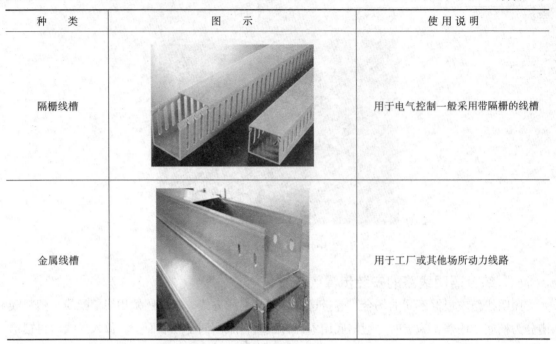 | 用于电气控制一般采用带隔栅的线槽 |
| 金属线槽 | | 用于工厂或其他场所动力线路 |

使用线槽配线的方法与步骤如表3-4-2所示。

表3-4-2　线槽配线安装步骤

| 项　目 | 图　示 | 说　明 |
|---|---|---|
| 定位 | ×插座<br>×开关 | 根据每节 PVC 槽板的长度，确定 PVC 槽板底槽固定点的位置（先确定每节塑料槽板两端的固定点，然后按间距 500 mm 以下均匀地确定中间固定点） |
| 画线 | ①插座 ② | 位置定好后先画线，一般用粉袋弹线，由于线槽配线一般都是后加线路，施工过程中要保持墙面整洁。弹线时，横线弹在槽上沿，纵线弹在槽中央位置，这样安上线槽就把线挡住了 |
| 选用槽板 | | 根据电源、开关盒、灯座的位置，量取各段线槽的长度，用锯分别截取 |

| 项 目 | | 图 示 | 说 明 |
|---|---|---|---|
| 拼接槽板 | 对接 | 底板对接　盖板对接 | 将要对接的两块槽板的底板或盖板锯成45°斜角，交错紧密对接，底板的线槽必须对正，但注意盖板和底板的接口不能重合，应互相错开 20 mm 以上 |
| | 转角拼接 | 底板转角　盖板转角 | 把两块槽板的底板和盖板端头锯成45°斜角，并把转角处线槽边缘成弧形，以免割伤导线绝缘层 |
| | T 型拼接 | 底板拼接　盖板拼接 | 在支路槽板的端头，两侧各锯掉腰长等于槽板宽度1/2的等腰直角三角形留下夹角为90°的接头。干线槽板则在宽度的1/2处，锯一个与支路槽板尖头配合的90°凹角，拼接时，在拼接点上把干线底板正对支路线槽边缘锯掉、铲平，以便分支导线在槽内顺利通过 |
| | 十字拼接 | | 用于水平（或竖直）干线上有上下（或左右）分支线的情况，它相当于上下（或左右）两个 T 型拼接，工艺要求与 T 型拼接相同 |
| 安装槽板 | 钻孔 | | 用手电钻在线槽内钻孔（钻孔直径4.2 mm 左右），用作线槽的固定。相邻固定孔之间的距离应根据线槽的长度确定，一般距线槽的两端为 5～10 mm，中间为 300～500 mm。线槽宽度超过50 mm，固定孔应在同一位置的上下分别钻两个孔。中间两钉之间距离一般不大于 500 mm |

| 项目 | | 图　示 | 说　明 |
|---|---|---|---|
| 安装槽板 | 固定槽板 | 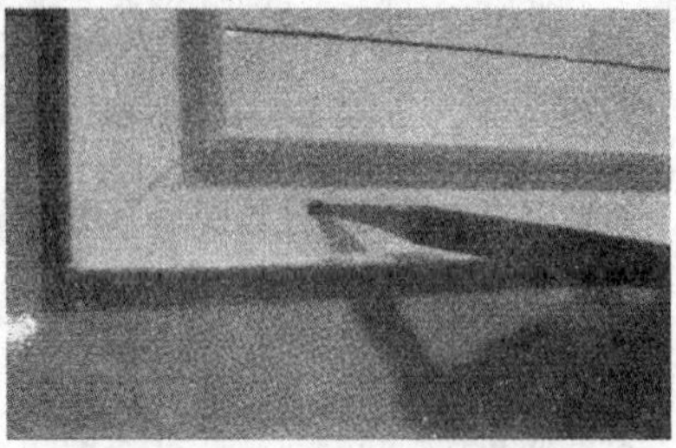 | 　将钻好孔的线槽沿走线的路径用自攻螺钉或木螺钉固定 |
| | 标记 |  | 　如果是固定在砖墙等墙面上，应在固定位置画出记号，如图所示。用冲击钻或电锤在相应位置上钻孔，钻孔直径一般为 6 mm 或 8 mm，其深度应略大于塑料胀管或木榫的长度。埋好木榫，用木螺钉固定槽底；也可用塑料胀管来固定槽底 |
| 敷设导线 |  | | 　导线敷设到灯具、开关、插座等接头处，要留出长 100 mm 左右导线，用作接线。在配电箱和集中控制的开关板等处，按实际需要留足长度，并做好统一标记，以便接线时识别 |
| 固定盖板 | 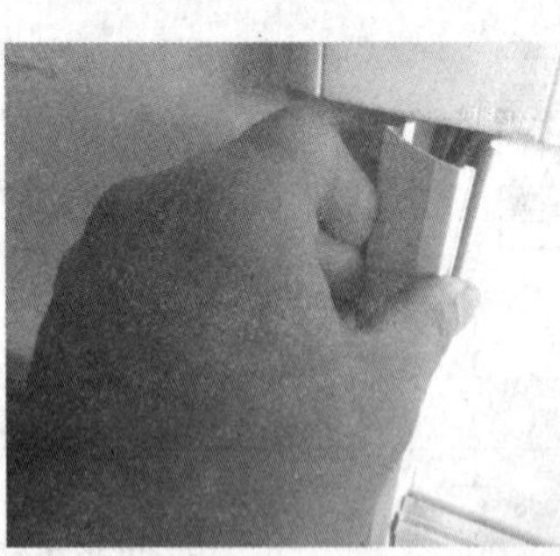 | | 　按线路走向把槽盖料下好，由于在拐弯分支的地方都要加附件，槽盖下料时要把长度控制好，槽盖要压在附件下 8～10 mm。进盒的地方可以使用进盒插口，也可以直接把槽盖压入盒下。直线段对接时上面可以不加附件，接缝要接严。槽盖的接缝最好与槽底接缝错开。把导线放入线槽，槽内不准接线头，导线接头在接线盒内进行。放导线的同时把槽盖盖上，以免导线掉落 |
| 安装开关灯座 |  | | 　（1）开关盒内零线对接，开关直接火线<br>　（2）灯座火线接中心接线桩，零线接螺纹壳 |

| 项目 | | 图 示 | 说 明 |
|---|---|---|---|
| 安装插座 | | 插座的作用是为移动式照明电器、家用电器或其他用电设备提供电源接口 | |
| | 分类 | 单相插座<br>提供 220 V 电源 | 暗装插座 |
| | | | 明装插座 |
| | | 三相插座<br>提供 380 V 电源 | 暗装插座 |
| | | | 明装插座 |
| | 安装方法 | 零线 相线 保护零线或保护地线 保护地线或保护零线 相线 零线 工作零线 L₁相 相线 L₂相 L₃相 | 单相两极插座的两极垂直排列时，相线孔在上方，零线孔在下方；单相两极插座水平排列时，相线在右孔，零线在左孔；单相三极插座，保护接地线在上孔、相线在右孔、零线在左孔 |
| | 二极插头安装方法 | 电工扣 | 两根导线端部的绝缘层剥去，在导线端部附近打一个电工扣；拆开端头盖，注意螺钉、螺母不要丢失；将剥好的多股线芯拧成一股，固定在接线端子上。注意多余的线头要剪去，不要露铜丝毛刺，以免短路。盖好插头盖，拧上螺钉即可 |
| | 三极插头安装方法 | | 三极插头的安装与两脚插头的安装类似，不同的是导线一般选用三芯护套软线。其中一根带有黄绿双色绝缘层的芯线接地线。其余两根一根接零线，一根接火线 |

| 项目 | | 图 示 | 说 明 |
|---|---|---|---|
| 通电检验 | 自检 | | 对照电气原理图，使用仪表检查线路是否有短路故障 |
| | 接通电源 | | 正确方法：操作左侧开关灯泡点亮，再操作右侧开关灯泡熄灭。或者右侧开关灯泡点亮，再操作左侧开关灯泡熄灭 |

**安全提示：**

（1）PVC 槽板安装前，应首先将平直的槽板挑选出来，剩下的弯曲槽板应设法利用在不显眼的地方。

（2）敷设导线应以一分路一条 PVC 槽板为原则。PVC 槽板内不允许有导线接头，以减少隐患，如必须接头时要加装接线盒。

（3）锯槽底和槽盖拐角方向要相同。

（4）固定槽底时，要钻孔，以免线槽裂开。

（5）使用钢锯时，要小心锯条折断伤人。

**知识拓展：**

1. 电钻

电钻是一种专用电动钻孔工具，主要分手提式电钻、手枪式电钻和冲击电钻，如表 3-4-3 所示。电源一般为 220 V，也有三相 380 V 的。钻头大致分两类，一类为麻花钻头，一般用于金属打孔；另一类为冲击钻头，用于砖和水泥柱上打孔。

表 3-4-3 电 钻

| 名 称 | 图 示 | 说 明 |
|---|---|---|
| 手电钻 | | 手电钻（手枪钻）用于金属材料、木材、塑料等钻孔的工具。当装有正反转开关和电子调速装置后，可用来作电螺丝批。有的型号配有充电电池，可在一定时间内，在无外接电源的情况下正常工作 |

| 名　称 | 图　示 | 说　明 |
|---|---|---|
| 冲击钻 | | 冲击钻依靠旋转和冲击来工作。冲击钻依靠旋转和冲击来工作。单一的冲击是非常轻微的，但每分钟4万多次的冲击频率可产生连续的力，可用于天然的石头或混凝土。冲击钻工作时在钻头夹头处有调节旋钮，可调普通手电钻和冲击钻两种方式。但是冲击钻是利用内轴上的齿轮相互跳动来实现冲击效果，冲击力远远不及电锤，它不适合钻钢筋混泥土 |
| 电锤 | | （1）电锤是电钻中的一类，主要用来在混凝土、楼板、砖墙和石材上钻孔<br>（2）电锤是在电钻的基础上，增加了一个由电动机带动有曲轴连杆的活塞，在一个汽缸内往复压缩空气，使汽缸内空气压力呈周期变化，变化的空气压力带动汽缸中的击锤往复打击钻头的顶部，好像用锤子敲击钻头，故名电锤 |
| 使用注意事项 | （1）长期搁置不用的冲击钻使用前必须用500 V绝缘电阻表（兆欧表）测定对地绝缘电阻，其值应不小于0.5 MΩ<br>（2）使用时首先要检查外壳、手柄是否有裂缝和破损，电缆线及插头是否完好无损、绝缘是否良好，如果电线有破损处，可用胶布包好。最好使用三芯橡皮软线，并将手电钻外壳接地，牢固可靠<br>（3）检查手电钻的额定电压与电源电压是否一致，开关是否灵活可靠、有无缺陷、破裂，转动部分是否转动灵活无障碍<br>（4）手电钻必须带漏电开关电源，接入后要用电笔测试外壳是否带电，不带电方能使用。操作时需接触手电钻的金属外壳时，应戴绝缘手套、穿电工绝缘鞋并站在绝缘板上<br>（5）拆装钻头时应用专用工具，切勿用旋具刀和手锤敲击钻夹<br>（6）装钻头要注意钻头与钻夹保持同一轴线，以防钻头在转动时来回摆动<br>（7）在使用手电钻过程中，钻头应垂直于被钻物体，用力要均匀<br>（8）在钻孔时遇到坚硬物体不能加过大压力，以防钻头退火或冲击钻因过负荷而损坏，冲击钻因故突然堵转时，应立即切断电源并进行检查，以免烧坏电动机<br>（9）在钻孔过程中应经常把钻头从钻孔中抽出以便排除钻屑 | |

2. 插座的安装方法

插座的安装方法与开关的安装方法相同，但插座安装接线应符合下列要求：

（1）一般距地面高度为1.3 m，在托儿所或幼儿园、住宅及小学校等地则不应低于1.8 m；同一场所安装的插座高度应尽量一致。

（2）车间及试验室的明、暗插座一般距地面高度不低于0.3 m；特殊场所暗装插座一般不应低于0.15 m；同一室内安装的插座高低差不应大于5 mm，成排安装的插座不应大于2 mm。

（3）单相双孔插座，面向插座时右插孔接相线，左插孔接零线。

（4）单相三孔及三相四孔插座的接地或接零线均应在上方。

（5）交、直流或不同电压的插座安装在同一场所时，应有明显区别，且其插头与插座均不能互相插入。

（6）暗设的插座（开关）应有专用盒，盖板应端正紧贴墙面。

## 二、操作安全

（1）进入实训场地必须穿好工作服。

（2）工作中注意文明操作，工具、量具及材料的放置应规范有序。

（3）在锯割线槽时应注意安全，防止伤手。

（4）使用手电钻应做好安全防护措施。

（5）在进行线路检修时，应注意安全、防止发生触电事故。

（6）要按要求正确进行验电操作。

### 技能训练

## 一、目的要求

用塑料槽板完成两地控制一只白炽灯线路并安装一只插座，然后通电试验。

## 二、工具及器材

（1）工具：测电笔、螺钉旋具、尖嘴钳、斜口钳、剥线钳、电工刀、万用表等。

（2）器材：网板、熔断器、开关、插座、接线盒、圆木、灯座、木螺钉、铝片线卡、塑料卡钉及护套线若干。

## 三、训练内容

在网板上完成白炽灯照明线路的安装，并进行通电试验。技术资料如表 3-4-4 所示。

表 3-4-4　技术资料

| 序　　号 | 图　　示 | 操作说明 |
|---|---|---|
| 1 | | 电气原理图 |
| 2 | | 线路位置图 |

## 四、训练步骤

（1）根据实际安装位置条件，设计并绘制接线图。

（2）依照实际的安装位置，确定两地开关、插座及白炽灯的安装位置并做好标记。

（3）定位画线。按照已确定好的开关及插座等位置，进行定位画线，操作时要依据横平竖直的原则。

（4）截取塑料槽板。根据实际画线的位置及尺寸，量取并切割塑料槽板，切记要做好每个槽板的相对位置标记，以免混乱。

（5）打孔并固定。可先在每段槽板上间隔 50 cm 左右的距离钻 4 mm 的排孔（两头处均钻孔），按每段相对放置位置，把槽板置于画线位置，用画针穿过排孔，在定位画线处和画线垂直划"＋"字作为木榫的底孔圆心，然后在每一个圆心处均打孔，并镶嵌木榫。

（6）固定槽板。把相对应的每段槽板用木螺钉固定在墙和天花板上，在拐弯处应选用接头或弯角。

（7）装接开关和插座。把开关和插座分别接线固定在事先准备好的圆木上。把灯座接线固定在灯头盒上。

（8）连接白炽灯并通电试灯。用万用表或兆欧表检测线路绝缘和通断状况，确保无误后，接入电源，合闸试灯。

## 五、评分标准

评分标准如表 3-4-5 所示。

表 3-4-5　评 分 标 准

| 项目内容 | 配　分 | 评分标准 | 扣　分 | 得　分 |
|---|---|---|---|---|
| 线路安装 | 60 | （1）元件布局不合理，每处扣 5 分<br>（2）元件安装松动，每处扣 5 分<br>（3）损坏电器元件，每处扣 5 分<br>（4）相线未进开关，每处扣 5 分<br>（5）插座线接反，每处扣 5 分<br>（6）线芯剖削损伤，每处扣 5 分<br>（7）接线不符合要求，每处扣 5 分<br>（8）布线不美观，每处扣 5 分 | | |
| 通电试验 | 40 | （1）一次试车不成功扣 10 分<br>（2）二次试车不成功累计扣 20 分<br>（3）三次试车不成功累计扣 30 分<br>（4）安装线路错误，造成故障，每多通电一次加扣 5 分，扣完 40 分为止 | | |
| 安全文明生产 | | 违反安全文明生产规程　　　　　　扣 5～20 分 | | |
| 定额时间 3 h | | 每超时 5 min 以内按扣 5 分计算 | | |
| 备注 | | 除定额时间与安全生产外，其余最高扣分不超过配分数 | 成绩 | |

巩固提高

（1）简述槽板拼接的方法。

（2）简述线槽配线的安装步骤。

# 课题五　荧光灯线路的安装与调试

学习目标

◆ 掌握荧光灯的结构、作用及工作原理。

◆ 掌握荧光灯线路的安装方法和步骤。

◆ 掌握荧光灯灯具的安装技能和检修方法。

学习内容

荧光灯俗称日光灯，是应用较普遍的一种照明灯具。荧光灯，其发光效率较高，约为白炽灯的 4 倍，具有光色好、寿命长、发光柔和等优点，其照明线路与白炽灯照明线路同样具有结构简单、使用方便等特点，一般用于室内照明，如办公室、教室、商场等。

## 一、荧光灯具的选用

### 1. 主要结构

荧光灯照明线路主要由灯管、镇流器、辉光启动器、灯座、灯架等组成。主要结构与作用如表 3-5-1 所示。

表 3-5-1　荧光灯的主要结构与作用

| 名称 | 图　　示 | 结构与说明 |
| --- | --- | --- |
| 灯管 | | 灯管常用规格有 6 W、8 W、12 W、15 W、20 W、30 W 及 40 W 等。灯管外形除直线形外，也制成环形或 U 形等 |
| | 1—灯丝引出脚；2—灯头<br>3—灯丝；4—玻璃管 | 玻璃管内抽成真空后充入少量汞（水银）和氩等惰性气体。充入气体的作用是帮助启辉、保护电极、延长灯管使用寿命。管壁涂有荧光粉，在灯丝上涂有电子粉，两端各一根灯丝，灯丝通过灯丝引出脚与电源相接 |

| 名称 | 图 示 | 结构与说明 |
|------|------|-----------|
| 镇流器 | | 电感式镇流器主要由铁心和线圈等组成。有两个作用：在启动时与辉光启动器配合，产生瞬时高压点燃荧光灯管；在工作时利用串联在电路中的电感来限制灯管电流，延长灯管使用寿命。电感式镇流器有单线圈和双线圈两种结构型式。前者有两个接线头，后者有 4 个接线头，外形相同。单线圈镇流器应用较多 |
| | | 预热式电子镇流器是应用电子开关电路启动和点燃荧光灯的电子元件，启动时无火花，不需要辉光启动器。电子镇流器用高效电子开关产生高频电流点燃荧光灯（日光灯工作电流是 30 kHz）可以提高发光效率<br>电子镇流器一般有 6 根出线，其中 2 根接电源，另外 4 根分为两组分别接灯管两边灯丝 |
| 辉光启动器 | | 辉光启动器由氖泡、纸介电容和外壳组成。其规格有 4～8 W、15～20 W、30～40 W 以及通用型 4～40 W 等 |
| | | 氖泡内有一个固定的静止触片和一个双金属片制成的倒 U 形触片。双金属片由两种膨胀系数差别很大的金属薄片焊制而成。动触片与静触片平时分开，两者相距 0.5 mm 左右 |
| | | 与氖泡并联的纸介电容器容量在 5 000 pF 左右，其作用有两个：一是与镇流器线圈组成 LC 振荡回路，能延长灯丝预热时间和维持脉冲放电；二是能吸收电磁波，减轻对收音机、录音机、电视机等电子设备的电磁干扰。如果电容器被击穿，去掉后氖泡仍可使灯管正常发光，但失去吸收干扰杂波的作用 |

| 名称 | 图　示 | 结构与说明 |
|---|---|---|
| 辉光启动器 | 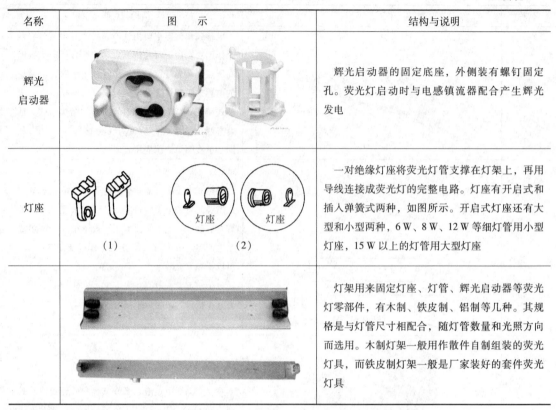 | 辉光启动器的固定底座，外侧装有螺钉固定孔。荧光灯启动时与电感镇流器配合产生辉光发电 |
| 灯座 | （1）　　　　　（2）　　灯座　灯座 | 一对绝缘灯座将荧光灯管支撑在灯架上，再用导线连接成荧光灯的完整电路。灯座有开启式和插入弹簧式两种，如图所示。开启式灯座还有大型和小型两种，6 W、8 W、12 W等细灯管用小型灯座，15 W以上的灯管用大型灯座 |
|  |  | 灯架用来固定灯座、灯管、辉光启动器等荧光灯零部件，有木制、铁皮制、铝制等几种。其规格是与灯管尺寸相配合，随灯管数量和光照方向而选用。木制灯架一般用作散件自制组装的荧光灯具，而铁皮制灯架一般是厂家装好的套件荧光灯具 |

**知识拓展：**

## 电子镇流器

　　随着电子技术的发展，出现了用电子镇流器代替普通电感式镇流器和辉光启动器的节能型荧光灯。使用电子镇流器的荧光灯无50 Hz频闪效应，在环境温度 -25 ~ 40 ℃、电压为130 ~ 240 V时，经3s预热便可一次快速启动日光灯。启动时无火花，不需要辉光启动器和补偿电容器（功率因数 ≥ 0.9，为电容性）。灯管使用寿命延长2倍以上，电子镇流器自身耗电1 W以下。

　　用高效电子开关产生高频电流点燃荧光灯（荧光灯工作电流是30 kHz正弦波）可以提高发光效率。实验检测证明：对40 W荧光灯来说，电子镇流器只须供给27 W高频功率，就可以产生同等的光通量。即40 W荧光灯配用电子镇流器后，实际消耗的功率只有28 W，比用电感式镇流器节省了11 W功率，节电率约27%。

　　电子镇流器由四部分组成：

　　（1）整流滤波电路（由$VD_1$ ~ $VD_4$和$C_1$组成桥式整流电容滤波电路）把220 V单相交流电变为300 V左右的直流电。

　　（2）由$R_1$、$C_2$和$VD_8$组成触发电路。

　　（3）高频振荡电路由晶体管$VT_1$、$VT_2$和高频变压器等元器件组成，其作用是在灯管两端产生高频正弦电压。

（4）串联谐振电路由 $C_4$、$C_5$、$L$ 及荧光灯灯丝电阻组成，其作用是产生启动点亮灯管所需的高电压。荧光灯启辉后灯管内阻减小，串联谐振电路处于失谐状态，灯管两端的高启辉电压下降为正常工作电压，线圈 $L$ 起稳定电流作用。

相关电路图如图 3-5-1 所示。

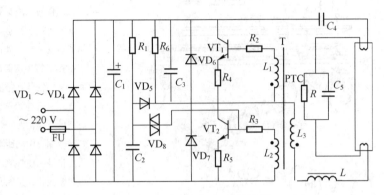

图 3-5-1　电子镇流器电路图

## 2. 工作原理

工作原理如表 3-5-2 所示。

表 3-5-2　荧光灯工作原理

| 图　示 | 工作原理 |
| --- | --- |
| 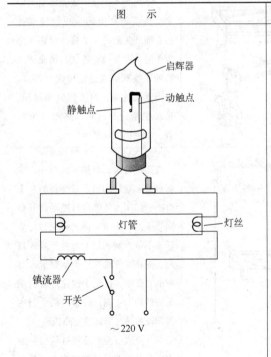 | 当开关合上时，电源接通瞬间，辉光启动器的动、静触片处于断开状态，电源电压经镇流器、灯丝全部加在辉光启动器的两触片间，使氖管辉光放电而发热。动触片受热后膨胀伸展与静触片相接，电路接通。这时电流流过镇流器和灯丝，使灯丝预热并发射电子。动、静触片接触后，氖管放电停止，动触片冷却后与静触片分离，电路断开。在电路断开瞬间，因自感作用，镇流器线圈两端产生很高的自感电动势，它和电源电压串联，叠加在灯管的两端，使管内惰性气体电离，产生弧光放电，从而使灯管启辉。启辉后灯管正常工作，一半以上的电源电压降在镇流器上，镇流器起限制电流保护灯管的作用。辉光启动器两触片间的电压较低不能引起氖管的放电 |

## 二、荧光灯线路的安装步骤

荧光灯线路安装的方法与步骤如表 3-5-3 所示。

## 表 3-5-3　荧光灯线路安装步骤

| 项目 | 图　示 | 说　明 |
|---|---|---|
| 组装灯架 | 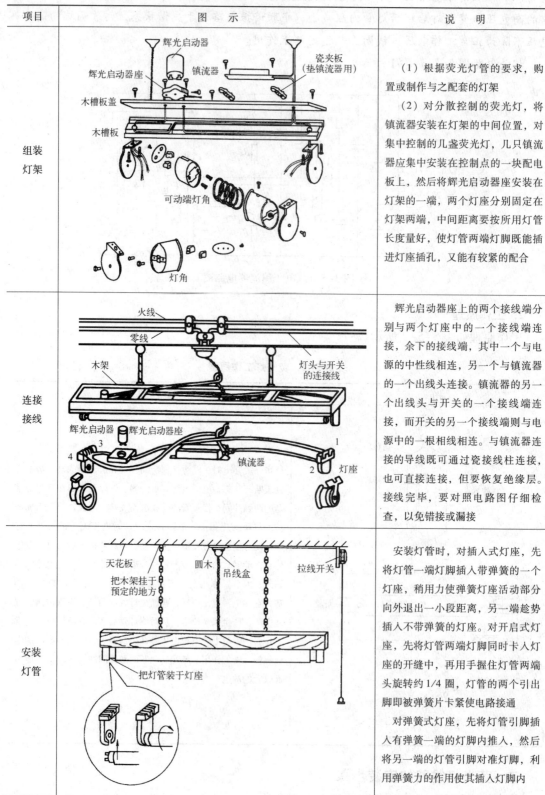 | （1）根据荧光灯管的要求，购置或制作与之配套的灯架<br>（2）对分散控制的荧光灯，将镇流器安装在灯架的中间位置，对集中控制的几盏荧光灯，几只镇流器应集中安装在控制点的一块配电板上，然后将辉光启动器座安装在灯架的一端，两个灯座分别固定在灯架两端，中间距离要按所用灯管长度量好，使灯管两端灯脚既能插进灯座插孔，又能有较紧的配合 |
| 连接接线 | | 辉光启动器座上的两个接线端分别与两个灯座中的一个接线端连接，余下的接线端，其中一个与电源的中性线相连，另一个与镇流器的一个出线头连接。镇流器的另一个出线头与开关的一个接线端连接，而开关的另一个接线端则与电源中的一根相线相连。与镇流器连接的导线既可通过瓷接线柱连接，也可直接连接，但要恢复绝缘层。接线完毕，要对照电路图仔细检查，以免错接或漏接 |
| 安装灯管 | | 安装灯管时，对插入式灯座，先将灯管一端灯脚插入带弹簧的一个灯座，稍用力使弹簧灯座活动部分向外退出一小段距离，另一端趁势插入不带弹簧的灯座。对开启式灯座，先将灯管两端灯脚同时卡入灯座的开缝中，再用手握住灯管两端头旋转约1/4圈，灯管的两个引出脚即被弹簧片卡紧使电路接通<br>对弹簧式灯座，先将灯管引脚插入有弹簧一端的灯脚内推入，然后将另一端的灯管引脚对准灯脚，利用弹簧力的作用使其插入灯脚内 |

图中标注：辉光启动器、辉光启动器座、镇流器、瓷夹板（垫镇流器用）、木槽板盖、木槽板、可动端灯角、灯角

火线、零线、木架、灯头与开关的连接线、辉光启动器、辉光启动器座、镇流器、灯座、4、3、2、1

天花板、把木架挂于预定的地方、圆木、吊线盒、拉线开关、把灯管装于灯座

| 项目 | 图 示 | 说 明 |
|------|-------|-------|
| 安装辉光启动器 | 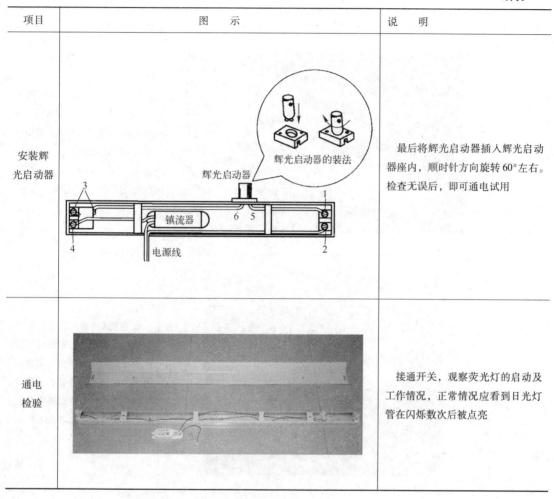 | 最后将辉光启动器插入辉光启动器座内，顺时针方向旋转60°左右。检查无误后，即可通电试用 |
| 通电检验 | | 接通开关，观察荧光灯的启动及工作情况，正常情况应看到日光灯管在闪烁数次后被点亮 |

**操作提示：**

（1）辉光启动器座的安装：用螺钉沿启辉器座的固定孔旋入，将其固定即可。

（2）灯座连接导线按灯管2/3的长度截取。

（3）当导线与灯座接线端上的螺钉相连时，要先将导线线端的绝缘层去除，绞紧线芯，沿螺钉边缘制作圆弧接线鼻后将螺钉旋入灯座的接线端。

（4）荧光灯管应轻拿轻放，防止日光灯管破裂造成人身伤害。

### 三、荧光灯具的安装

荧光灯线路一般安装在灯具内。以上荧光灯线路的安装是以模拟形式进行操作的，下面对荧光灯灯具的安装作一些介绍，仅供参考。

荧光灯灯具的安装形式应根据荧光灯灯具的用途来选择，一般有吊装式、吸顶式和嵌入式三种形式，安装前先在设计的固定点打孔预埋合适的紧固件，然后将灯具固定在紧固件上。具体方法如表3-5-4所示。

表 3-5-4　荧光灯具的安装

| 安装方式 | 图　　示 | 安装方法 |
|---|---|---|
| 吊装式 |  | 根据荧光灯灯架吊装钩的宽度，在安装位置处安装吊钩，如图所示，在荧光灯灯架上放出一定长度的吊线或吊杆（注意灯具离地高度不应低于 2.5 m），将吊线或吊杆与灯具连接即可 |
| 吸顶式 | 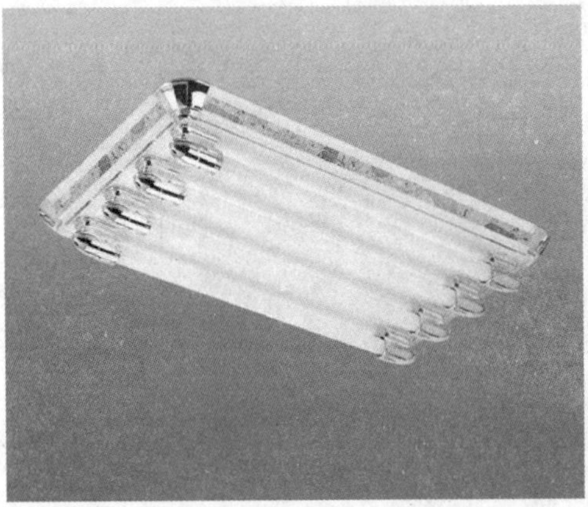 | 将吸顶式荧光灯灯具中的灯架与灯罩分离，在安装灯具位置处将灯架吸顶，在灯架固定孔内画出记号，经钻孔、预设木榫后，用螺钉将灯架吸顶固定，接上电源后固定上灯罩 |
| 嵌入式 |  | 嵌入式荧光灯灯具应安装在吊顶装饰的房屋内。吊顶时应根据嵌入式荧光灯灯具的安装尺寸预留出嵌入位置，待吊顶基本完工后将灯具嵌入并固定 |

**知识拓展：**

## 梯子的使用

在实际安装线路及灯具时，由于建筑物有一定的高度，所以在安装时经常要使用一些登高工具，如单梯、人字梯等，具体方法如表 3-5-5 所示。

表 3-5-5 梯子的使用

| 项 目 | 图 示 | 操作说明 |
|---|---|---|
| 单梯 | | 由于各建筑物的高度不一,线路的安装高度也有高有低,所以单梯也有各种规格。单梯的规格有 13 挡、15 挡、17 挡、19 挡、21 挡、23 挡和 25 挡 |
| 人字梯 | | 人字梯一般用于室内登高作业。因其使用时,前后的梯杆及地面构成一个等腰三角形,看起来像一个"人"字,因而把它形象地称为人字梯。电工作业用的人字梯将两个梯子的顶部用活页连在一起,移动的时候可以合起来,使用非常灵活 |
| 梯子的使用的安全知识 | | (1) 在使用梯子时,单梯需要两人配合进行,一人在地面上用脚顶住竹梯的底部(梯脚应绑扎胶皮之类的防滑材料),防止梯子下滑,眼睛应注视上梯操作人员。另一人在梯子上用脚跨入梯内钩住横挡,两手同时工作<br>(2) 单梯的放置斜角约为 60°～75°<br>(3) 在人字梯上作业时,切不可采取骑马的方式站立,以防人字梯两脚自动分开时,造成严重工伤事故<br>(4) 单梯不准放在箱子或桶类易活动物体上使用 |
| 移动梯子的方法 | (1) 使用时应根据施工中所需的高度选用,在室内通常梯子的高度应不超过建筑物的层高,这样便于施工中移动梯子。<br>(2) 梯子在施工中的移动分两种情况,即长距离搬移和施工场地内的移动。长距离搬移应将梯子横卧,短梯一般一人肩扛,长梯可两人肩扛。短距离搬移应将梯子竖起,一手握住横挡一手握住直挡,并注意平衡。人字梯应并拢后移动 | |

## 四、荧光灯照明线路的常见故障分析

荧光灯照明线路的常见故障及检修方法如表 3-5-6 所示。

表 3-5-6　荧光灯照明线路的常见故障及检修方法

| 故障现象 | 产生原因 | 检修方法 |
|---|---|---|
| 不能发光或发光困难，灯管两头发亮或灯光闪烁 | (1) 电源电压太低<br>(2) 接线错误或灯座与灯脚接触不良<br>(3) 灯管衰老<br>(4) 镇流器配用不当或内部接线松脱<br>(5) 气温过低<br>(6) 辉光启动器配用不当、接线断开、电容器短路或触点熔焊 | (1) 不必修理<br>(2) 检查线路和接触点<br>(3) 更换新灯管<br>(4) 修理或调换镇流器<br>(5) 加热或加罩<br>(6) 检查后更换 |
| 灯管两头发黑或生黑斑 | (1) 灯管陈旧，寿命将终<br>(2) 电源电压太高<br>(3) 镇流器配用不合适<br>(4) 如系新灯管，可能因辉光启动器损坏而使灯丝发光物质加速挥发<br>(5) 灯管内水银凝结，属正常现象 | (1) 调换灯管<br>(2) 测量电压并适当调整<br>(3) 更换适当镇流器<br>(4) 更换辉光启动器<br>(5) 将灯管旋转 180°安装 |
| 灯管寿命短 | (1) 镇流器配合不当或质量差，使电压失常<br>(2) 受到剧振，致使灯丝振断<br>(3) 接线错误致使灯管烧坏<br>(4) 电源电压太高<br>(5) 开关次数太多或各种原因引起的灯光长时间闪烁 | (1) 选用适当的镇流器<br>(2) 换新灯管，改善安装条件<br>(3) 检修线路后使用新管<br>(4) 调整电源电压<br>(5) 减少开关次数，及时检修闪烁故障 |
| 镇流器有杂声或电磁声 | (1) 镇流器质量差，铁心未夹紧<br>(2) 镇流器过载或其内部短路<br>(3) 辉光启动器不良，启动时有杂声<br>(4) 镇流器有微弱声响<br>(5) 电压过高 | (1) 调换镇流器<br>(2) 检查过载原因，调换镇流器，配用适当灯管<br>(3) 调换辉光启动器<br>(4) 属于正常现象<br>(5) 设法调整电压 |
| 镇流器过热 | (1) 灯架内温度太高<br>(2) 电压太高<br>(3) 线圈匝间短路<br>(4) 过载，与灯管配合不当<br>(5) 灯光长时间闪烁 | (1) 改进装接方式<br>(2) 适当调整<br>(3) 修理或更换<br>(4) 检查调换<br>(5) 检查闪烁原因并修复 |

 技能训练

## 一、目的要求

完成荧光灯具的安装。

## 二、工具及器材

（1）工具：测电笔、螺钉旋具、尖嘴钳、斜口钳、剥线钳、电工刀、万用表等。

（2）器材：电感式镇流器、电子式镇流器、荧光灯管、灯架、辉光启动器座、辉光启动器、开关、绝缘胶带、导线等。

## 三、训练内容

在楼宇综合布线实训室安装日光灯线路，并进行通电试验。技术资料如表3-5-7所示。

表3-5-7　技术资料

| 序　号 | 图　示 | 操作说明 |
|---|---|---|
| 1 | 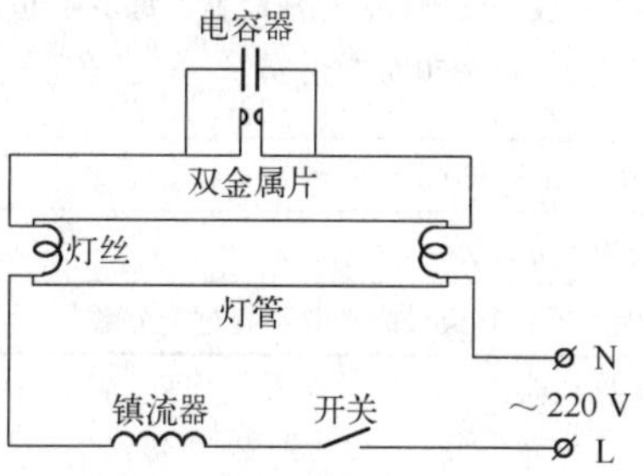 | 电气原理图 |
| 2 | 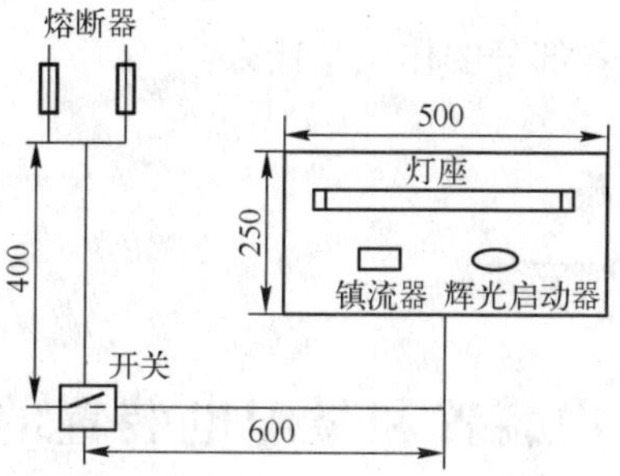 | 安装示意图 |

## 四、训练步骤

（1）画出电路接线图。

（2）选择灯架、灯脚、辉光启动器座。

（3）实施安装走线。

（4）线路检查。

（5）通电试车。

**安全提示：**

（1）注意工具的规范使用。

（2）接线正确、注意人身安全。

## 五、评分标准

评分标准如表3-5-8所示。

表 3-5-8　评 分 标 准

| 项目内容 | 配　分 | 评分标准 | 扣　分 | |
|---|---|---|---|---|
| 接线合理、正确 | 50 | （1）灯座接线不正确扣 10 分<br>（2）开关接线不正确扣 10 分<br>（3）导线接头处理不好，每处扣 5 分<br>（4）导线连接绝缘恢复不好，每处扣 5 分 | | |
| 试电试验 | 50 | （1）一次试车不成功扣 10 分<br>（2）二次试车不成功累计扣 20 分<br>（3）三次试车不成功累计扣 40 分<br>（4）安装线路错误，造成故障，每多通电一次加扣 10 分，扣完 50 分为止 | | |
| 安全文明生产 | | 违反安全文明生产规程扣 5～20 分 | | |
| 定额时间 2 h | | 每超时 5 min 以内按扣 5 分计算 | | |
| 备注 | | 除定额时间与安全生产外，其余最高扣分不超过配分数 | 成绩 | |

 巩固提高

（1）灯有主要由几部分组成，各部分的作用是什么？

（2）灯的工作原理是什么？

（3）简述荧光灯线路的安装步骤。

（4）灯具有几种安装方法，如何安装？

# 课题六　进户装置和量配电装置的安装

## 学习目标

◆ 掌握配电装置的安装方法。

◆ 掌握电流互感器的安装方法。

◆ 掌握电能表的安装方法。

## 学习内容

### 一、进户装置的安装

进户装置是户内、外线路的衔接装置，是低压用户建筑内部线路的电源引接点。进户装置是由进户线杆（或角钢支架上装的绝缘子）、进户线（从用户外第一支持点到户内第一支持点之间的连接绝缘导线）和进户管等几部分组成。

具体安装方法如表 3-6-1 所示。

表 3-6-1　进户装置的安装

| 项目 | 图　示 | 操作说明 |
|---|---|---|
| 进户杆的安装 | <br>（1）　　　　　　（2） | （1）凡是进户点低于 2.7 m 或接户线因安全需要而升高等原因，都需加装进户杆来支持接户线和进户线。进户杆一般采用混凝土电杆或木杆两种，其杆分长杆和短杆两种<br>（2）混凝土进户杆安装前，应检查有无弯曲、裂缝和疏松等情况。混凝土进户杆埋入地面下的深度按表 3-6-2 的规定。长木杆进户埋入地面下的深度按表表 3-6-2 的规定，埋入地面前，应在地面以上 300 mm 和地下 500 mm 的一段，采用烧根或涂柏油等方法进行防腐处理。短木杆与建筑物连接时，应用两道通墙螺栓或抱箍等固紧，两道紧固点的中心距离不应小于 500 mm |
|  | | 进户杆杆顶应安装横担，横担上安装低压 ED 型绝缘子。常用的横担由镀锌角钢制成，用来支持单相两线，一般规定角钢规格不应小于 40 mm × 40 mm × 5 mm；用来支持三相四线，一般不应小于 50 mm × 50 mm × 6 mm。两绝缘子在角钢上的距离不应小于 150 mm |
|  | | 用角钢支架加装绝缘子 2 来支持接户线 1 和进户线 3 的安装形式 |

续表

| 项目 | 图　　示 | 操作说明 |
|---|---|---|
| 进户线的安装 | 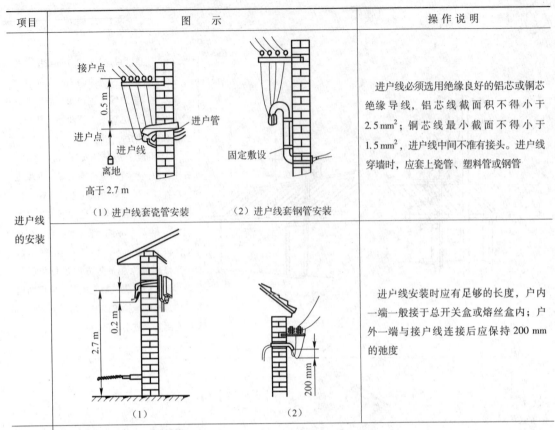 （1）进户线套瓷管安装　　（2）进户线套钢管安装 | 进户线必须选用绝缘良好的铝芯或铜芯绝缘导线，铝芯线截面积不得小于 $2.5\,mm^2$；铜芯线最小截面不得小于 $1.5\,mm^2$，进户线中间不准有接头。进户线穿墙时，应套上瓷管、塑料管或钢管 |
| | （1）　　（2） | 进户线安装时应有足够的长度，户内一端一般接于总开关盒或熔丝盒内；户外一端与接户线连接后应保持 200 mm 的弛度 |
| 进户管的安装 | 常用的进户管有瓷管、塑料管和钢管 3 种，瓷管又分为弯口和反口两种。<br>（1）进户管的管径应根据进户线的根数和截面来决定，管内导线（包括绝缘层）的总截面不应大于管子有效截面积的 40%，最小管径不应小于 15 mm<br>（2）进户瓷管必须每线一根，进户瓷管应采用弯头瓷管，户外一端弯头向下。当进户线截面在 50 $mm^2$ 以上时，宜用反口瓷管<br>（3）当一根瓷管的长度不能大于进户墙壁的厚度时，可用两根瓷管紧密相连，或用硬塑料管代替瓷管<br>（4）进户钢管须用镀锌钢管或经过涂漆的黑铁管。钢管两端应装护圈，户外一端必须有防雨弯头，进户线必须全部穿入一根钢管内，钢管外层必须有良好的保护接零<br>由于现在架空线路，已被墙管暗线布线代替，所以现在进户线多应用线管暗线布线。暗线进线的工艺要求比较简单，在此不做介绍 |

**知识拓展：**

电杆的埋设深度如表 3-6-2 所示。

表 3-6-2　电杆的埋设深度

| 杆长/m<br>杆类别 | 4 | 5 | 6 | 7 | 8 | 9 | 10 | 11 | 12 | 13 | 15 |
|---|---|---|---|---|---|---|---|---|---|---|---|
| 混凝土杆/m | — | — | — | 1.4 | 1.5 | 1.6 | 1.7 | 1.8 | 1.9 | 2.0 | 2.5 |
| 木杆/m | 1.0 | 1.0 | 1.1 | 1.2 | 1.4 | 1.5 | 1.7 | 1.8 | 1.9 | 2.0 | — |

## 二、配电板计量电路的安装

配电板通常由进户总熔丝盒、电能表和电流互感器等部分组成。配电装置一般由控制开关、过载及短路、漏电保护电器等组成，容量较大的还应装有隔离开关。

一般将总熔丝盒装在进户管的墙上，而将电流互感器、电能表、控制开关、短路和过载保护电器均安装在同一块配电板上，如图 3-6-1 所示。

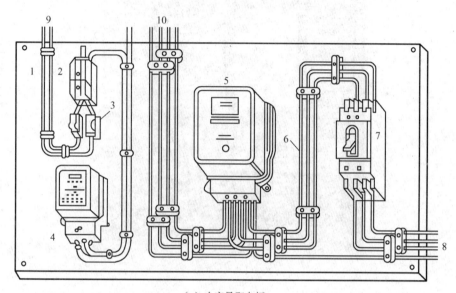

（a）小容量配电板

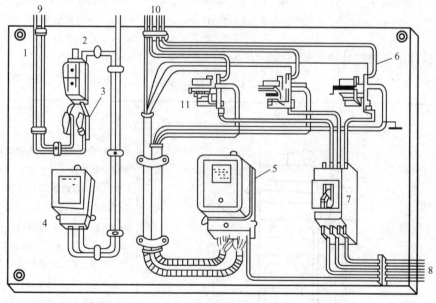

（b）大容量配电板

图 3-6-1　配电板的安装

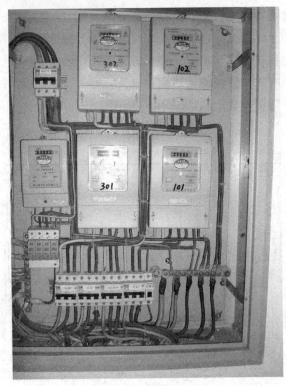

（c）电气配电盘

图 3-6-1　配电板的安装（续）

1—照明线部分；2—总开关；3—用户熔断器；4—单相电能表；5—三相电能表；6—动力线部分；

7—动力总开关；8—接分路开关；9—接用户；10—接总熔丝盒；11—电流互感器

配电板计量电路的具体安装方法如表 3-6-3 所示。

表 3-6-3　进户装置的安装

| 项目 | 图　示 | 操作说明 |
|---|---|---|
| 总熔丝盒的安装 | 100～300<br>6<br>5<br>4<br>2<br>3<br>1<br><br>1—电能表总线；2—总熔丝盒；3—木榫；<br>4—进户线；5—实心木板；6—进户管 | 常用的总熔丝盒分为铁皮盒式和铸铁壳式。铁皮盒式分 1 型～4 型 4 个规格。1 型最大，盒内能装 3 只 200 A 熔断器；4 型最小，盒内能装 3 只 10 A 或 1 只 30 A 熔断器及 1 只接线桥。铸铁壳式分 10 A、30 A、60 A、100 A 和 200 A 五个规格，每只内均只能单独装一只熔断器<br>总熔丝盒的作用是防止下级电力线路的故障蔓延到前级配电干线上，造成更大区域的停电；能加强计划用电的管理（因低压用户总熔丝盒内的熔体规格，由供电单位放置，并在盖上加封） |

| 项目 | 图　示 | 操 作 说 明 |
|------|--------|------------|
| | | （1）总熔丝盒应安装在进户管的户内侧<br>（2）总熔丝盒必须安装在实心木板上，木板表面及四沿必须涂以防火漆。安装时，I型铁皮盒式和200 A铸铁壳式的木板，应用穿墙螺栓或膨胀螺栓固定在建筑面上，其余各型木板可用木螺钉来固定<br>（3）总熔丝盒内的熔断器上接线桩，应分别与进户线的电源相线连接，接线桥的上接线桩应与进户线的电源中性线连接<br>（4）如安装多个电能表，则在每个电能表的前面应分别安装总熔丝盒 |
| 电流互感器的安装 | <br>1—二次回路接线柱；2—一次回路接线柱；3—接地接线柱；<br>4—进线柱；5—出线柱；6—一次绕组；7—二次绕组 | （1）电流互感器二次侧（即二次回路）标有"K1"或"＋"的接线柱要与电能表电流线圈的进线端连接，标有"K2"或"－"的接线柱要与电能表电流线圈的出线端连接，不可反；电流互感器的一次侧（即一次回路）标有"L1"或"＋"的接线柱应接电源进线，标有"L2"或"－"的接线柱应接电源出线<br>（2）电流互感器一次侧的"K2"或"－"接线柱的外壳和铁心都必须可靠接地 |
| 电能表的安装　单相电能表的接线 | | 单相电能表共有4个接线桩头，从左到右按1、2、3、4编号。接线方法一般按号码1、3接电源进线，2、4接出线。也有些单相电能表的接线方法是按号码1、2接电源进线，3、4接出线，所以具体的接线方法应参照电能表接线柱盖子上的接线图 |

| 项目 | 图　　示 | 操作说明 |
|---|---|---|
| | 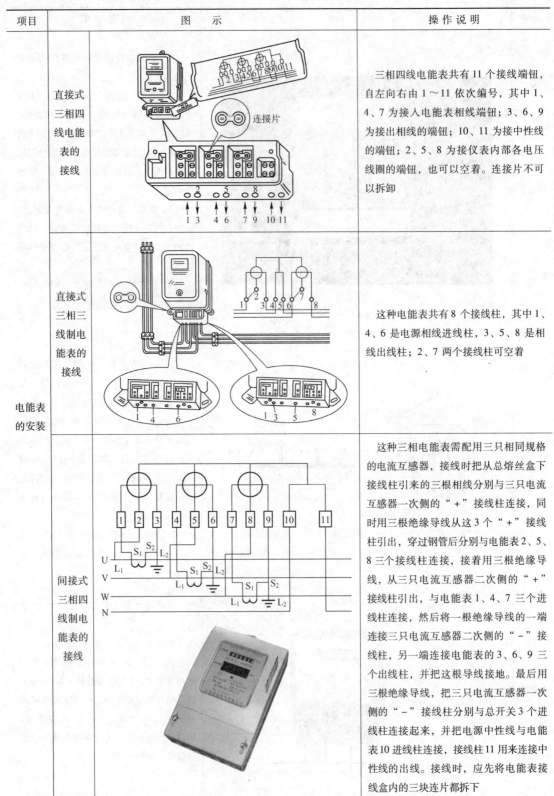 | |
| 电能表的安装 | | |
| 直接式三相四线电能表的接线 | | 　　三相四线电能表共有 11 个接线端钮，自左向右由 1～11 依次编号，其中 1、4、7 为接入电能表相线端钮；3、6、9 为接出相线的端钮；10、11 为接中性线的端钮；2、5、8 为接仪表内部各电压线圈的端钮，也可以空着。连接片不可以拆卸 |
| 直接式三相三线制电能表的接线 | | 　　这种电能表共有 8 个接线柱，其中 1、4、6 是电源相线进线柱，3、5、8 是相线出线柱；2、7 两个接线柱可空着 |
| 间接式三相四线制电能表的接线 | | 　　这种三相电能表需配用三只相同规格的电流互感器，接线时把从总熔丝盒下接线柱引来的三根相线分别与三只电流互感器一次侧的"＋"接线柱连接，同时用三根绝缘导线从这 3 个"＋"接线柱引出，穿过钢管后分别与电能表 2、5、8 三个接线柱连接，接着用三根绝缘导线，从三只电流互感器二次侧的"＋"接线柱引出，与电能表 1、4、7 三个进线柱连接，然后将一根绝缘导线的一端连接三只电流互感器二次侧的"－"接线柱，另一端连接电能表的 3、6、9 三个出线柱，并把这根导线接地。最后用三根绝缘导线，把三只电流互感器一次侧的"－"接线柱分别与总开关 3 个进线柱连接起来，并把电源中性线与电能表 10 进线柱连接，接线柱 11 用来连接中性线的出线。接线时，应先将电能表接线盒内的三块连片都拆下 |

续表

| 项 目 | 图 示 | 操 作 说 明 |
|---|---|---|
| 断路器的安装 | | 低压断路器应垂直于配电板安装，电源引线应接到上端，负载引线接到下端；低压断路器用作电源总开关或电动机控制开关时，在电源进线侧必须加装刀开关或熔断器等，以形成一个明显的断开点 |

**知识拓展：**

低压断路器又称自动空气开关或自动空气断路器，简称断路器。它是低压配电网络和电力拖动系统中常用的一种配电电器，集控制和多种保护功能于一体，在正常情况下可用于不频繁接通和断开电路，以及替代总熔丝盒和动力电源总开关。当电路发生短路、过载和失压等故障时，它能自动切断故障电路、保护电路和电气设备。

## 技能训练

### 一、目的要求

安装直接式单相电能表组成的量电装置。

### 二、工具及器材

（1）工具：测电笔、螺钉旋具、尖嘴钳、斜口钳、剥线钳、电工刀、万用表等。

（2）器材：白炽灯灯具、日光灯灯具、电度表、断路器及导线等。

### 三、训练内容

在楼宇综合布线实训室内完成线路安装，并通电检验。

### 四、训练步骤

（1）绘制电路图。

（2）元件安装。先把总熔丝盒、电能表、刀开关安装固定在配电板上。单相负载灯泡配套的灯座安装于另一块配电板上。

（3）连线。分别把电源配电板和负载配线电板上的各电气元件按电路图进行连接。由于配线板上布线一般要求暗装，所以，要预先把过线孔钻好，然后把闸刀和5只并联灯泡之间的电源线连接好。

（4）通电试验。引入总电源线，相线接总熔丝盒，零线可直接进入电能表进线柱3，检查确认无误后通电。观察电能表，如无异常，可合上 QS 闸刀，接通电源。

**安全提示：**

（1）通电试验前要认真检查线路，核对接线的正确性。

（2）通电试验时要有专人监护，注意人身安全。

### 五、评分标准

评分标准如表3-6-4所示。

表 3-6-4  评 分 标 准

| 项目内容 | 配　分 | 评 分 标 准 | 扣　分 | 得　分 |
|---|---|---|---|---|
| 安装设计 | 20 | 设计电路不正确，每处扣 5 分 | | |
| 接线合理、正确 | 50 | （1）元件安装不正确扣 20 分<br>（2）操作不规范、不熟练扣 10 分<br>（3）接线不美观，每处扣 5 分<br>（4）接线不牢固或线头绕向不对，每处扣 5 分 | | |
| 试电试验 | 30 | 安装线路错误，造成短路、断路故障，每多通电 1 次扣 5 分，30 分扣完为止 | | |
| 安全文明生产 | | 违反安全文明生产规程扣 5～20 分 | | |
| 定额时间 2 h | | 每超时 5 min 以内按扣 5 分计算 | | |
| 备注 | | 除定额时间与安全生产外，其余最高扣分不超过配分数 | 成绩 | |

巩固提高

（1）进户装置有哪些要求？

（2）量电装置的步骤有哪些？

（3）电度表如何接线？

随着科学进步，许多电工产品或多或少由一些电子元器件组成。作为电气工作人员，应熟悉常用电子元器件的类别、型号、规格、性能及使用范围，能查阅电子元器件手册，能正确识别和选用，并能熟练使用万用表对其进行判别检验。在电子电路中，焊接的方式有多种，各种方式的适用性也不尽相同。在小批量的生产和维修中，多采用手工电烙铁焊接；成批或大量生产时则采用浸焊和波峰焊等自动化焊接。

## 课题一　常用半导体器件的识别

### 学习目标

◆ 掌握二极管、晶体管的符号和工作特点。

◆ 了解二极管、晶体管的型号命名方法。

◆ 掌握使用万用表检测二极管、晶体管的方法。

### 学习内容

半导体器件的种类很多，被广泛地应用在各种电子电路中，其中最常用的是二极管和晶体管。

#### 二极管的识别和检测

二极管的识别与检测如表 4-1-1 所示。

表 4-1-1　二极管的识别和检测

| 名称 | 图　　示 | 说　　明 |
|------|---------|---------|
| 外形 | | 　二极管按照所用的半导体材料不同，可分为锗二极管和硅二极管；按管芯结构不同，可分为点接触型二极管、面接触型二极管和平面型二极管；根据用途不同，又可分为整流二极管、检波二极管、开关二极管等 |

| 名称 | 图　　示 | 说　　明 |
|---|---|---|
| 测量 | 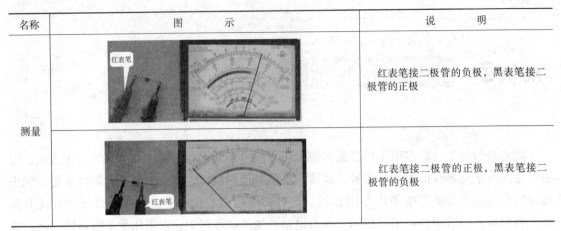 | 红表笔接二极管的负极，黑表笔接二极管的正极 |
|  |  | 红表笔接二极管的正极，黑表笔接二极管的负极 |

**想一想:**

仔细观察万用表的读数，想一想，二极管的正向电阻和反向电阻哪一个大?

**1. 二极管的结构和符号**

按照所用材料不同，二极管可分为硅管和锗管两大类，如表4-1-2所示。

表4-1-2　二极管的结构和符号

| 名　　称 | 图　　示 | 说　　明 |
|---|---|---|
| 结构 | 正极　P　N　负极<br>管壳　PN结 | 二极管的内部分为P型半导体区和N型半导体区，交界处形成PN结，从P区引出的电极为正极，从N区引出的电极为负极 |
| 符号 | D<br>正极(A)　　负极(K) | 二极管用符号D（或VD）表示，分为正极和负极，分别用符号A和K表示 |

**2. 二极管的单向导电性**

二极管的接法分为正偏和反偏。当二极管的正极A接电路的高电位，负极K接低电位时，称二极管加正向电压，二极管处于正向偏置，简称正偏;反之，外加电压称为反向电压，二极管处于反向偏置，简称反偏。其图示及说明如表4-1-3所示。

表4-1-3　二极管的单向导电性

| 名称 | 图　　示 | 说　　明 |
|---|---|---|
| 示例 | D<br>正极(A)　　负极(K)<br>电流方向 | （1）二极管正偏且加正向电压较大时会导通，电流随电压的上升迅速增大，二极管的电阻变得很小，进入正向导通状态。这个电压区域称为导通区。导通后二极管两端的正向电压称为正向压降，这个电压比较稳定，几乎不随流过电流的变化而变化。一般来说，硅二极管的正向压降约为0.7 V，锗二极管的正向压降约为0.3 V<br>（2）二极管反偏时，内部呈现很大的电阻，几乎没有电流通过，二极管的这种状态称为反向截止状态 |
| 结论 | 二极管在加正向电压时导通，在加反向电压时截止，这就是二极管的单向导电性 | |

**知识拓展：**

## 死区电压

二极管正偏时存在死区，也就是虽然加了正向电压，但由于外加的正向电压很小，二极管呈现的电阻很大，正向电流几乎为零，这个电压区域称为死区。使二极管脱离死区而开始导通的临界电压称为开启电压，通常用 $U_{on}$ 表示，一般硅二极管的开启电压约为 0.5 V，锗二极管的开启电压约为 0.1 V。

### 3. 二极管的主要参数

二极管的主要参数如表 4-1-4 所示。

表 4-1-4　二极管的主要参数

| 名　称 | 定　义 |
|---|---|
| 最大整流电流 | 二极管长期运行时允许通过的最大正向平均电流。实际工作时二极管的正向平均电流不得超过此值，否则二极管可能会因过热而损坏 |
| 最高反向工作电压 | 二极管正常工作时所允许外加的最高反向电压。若二极管两端电压超过此值，有可能导致二极管反向击穿 |

### 4. 国产二极管的型号命名方法

国产二极管的型号命名方法如表 4-1-5 所示。

表 4-1-5　国产二极管的型号命名方法

| 第一部分 | | 第二部分 | | 第三部分 | | 第四部分 | 第五部分 |
|---|---|---|---|---|---|---|---|
| 用数字表示器件的电极数目 | | 用字母表示器件的材料和类性 | | 用拼音字母表示器件的用途 | | 用数字表示器件序号 | 用汉语拼音表示规格 |
| 符号 | 意义 | 符号 | 意义 | 符号 | 意义 | 意　义 | 意　义 |
| 2 | 二极管 | A<br>B<br>C<br>D | N型锗材料<br>P型锗材料<br>N型硅材料<br>P型硅材料 | P<br>Z<br>W<br>K<br>L<br>C<br>U<br>N | 普通管<br>整流管<br>稳压管<br>开关管<br>整流管<br>参量管<br>光电器件<br>阻尼管 | 反映了极限参数、直流参数和交流参数的差别 | 反映承受反向击穿电压的程度，其规格号为 A、B、C、D……其中 A 承受的反向击穿电压最低，B 次之…… |

## 技能训练

### 一、目的要求

掌握二极管的测试方法。

### 二、工具及器材

工具及器材如表 4-1-6 所示。

表 4-1-6　工具及器材

| 序　号 | 名　称 | 规　格 | 数量/只 |
|---|---|---|---|
| 1 | 万用表 | MF47 型 | 1 |
| 2 | 普通二极管 | 2AP、2CP | 30 |
| 3 | 整流二极管 | 2CZ | 30 |
| 4 | 稳压二极管 | 2CW | 30 |
| 5 | 开关二极管 | 2DK、2CK | 30 |

## 三、训练内容

### 1. 二极管的直观识别

（1）识别二极管外壳上符号的意义。

（2）根据二极管的型号，识别其极性、材料、类别和用途。

将二极管直观识别的内容填入表 4-1-7 中。

表 4-1-7　记　录　表

| 序　号 | 型　号 | 极　性 | 材　料 | 类　别 | 用　途 |
|---|---|---|---|---|---|
|  |  |  |  |  |  |
|  |  |  |  |  |  |
|  |  |  |  |  |  |
|  |  |  |  |  |  |

### 2. 二极管的测试

将万用表置于 $\times 100\,\Omega$ 或 $\times 1\,k\Omega$ 欧姆挡，并且将两表笔短接调零。相关图示及测量结果如表 4-1-8 所示。

表 4-1-8　二极管测试

| 名称 | 图　　示 | 测 量 结 果 |
|---|---|---|
| 测量 | | 将红、黑两支表笔跨接在二极管的两端，再将红、黑表笔对调后接在二极管的两端，分别测量阻值<br><br>（1）若一次测得的阻值较小（几千欧以下），另一次测得的阻值较大（几百千欧），则说明二极管质量良好。测得阻值较小的那一次黑表笔所接为二极管的正极，而红表笔所接为二极管的负极<br>（2）若两次测量结果都很小（接近零），则说明二极管内部已经短路<br>（3）若两次测量结果都很大，则说明二极管内部已经开路 |

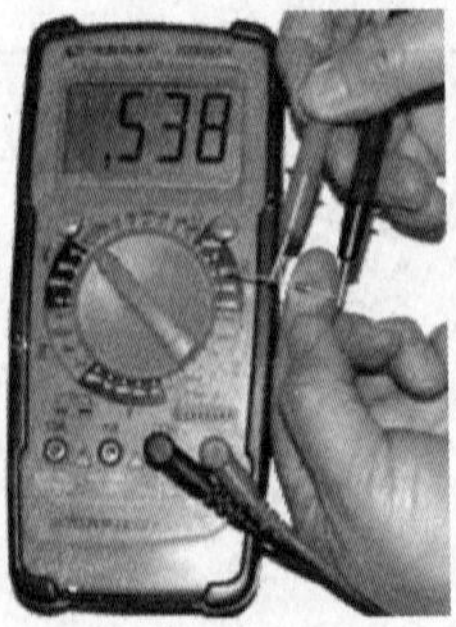

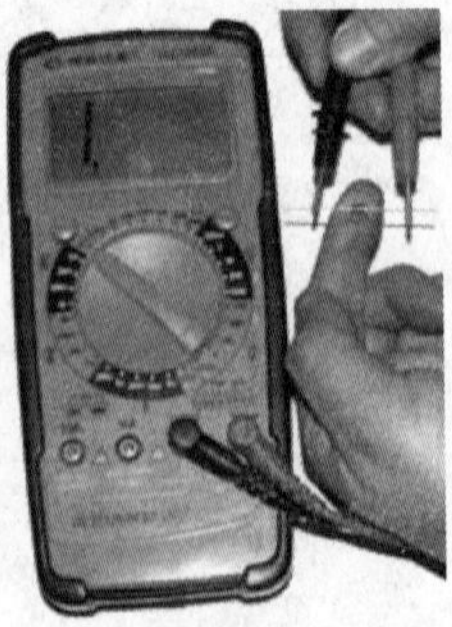

## 四、评分标准

评分标准如表 4-1-9 所示。

**表 4-1-9　评分标准**

| 项目内容 | 要　　　求 | 配分 | 评　分　标　准 | 扣分 | 得分 |
|---|---|---|---|---|---|
| 二极管的识别 | 正确识别极性、材料、类别，画出图形符号 | 50 | （1）名称每漏写或者写错 1 处，扣 3 分<br>（2）极性、材料、类别每漏写或者写错 1 处扣 3 分<br>（3）不会识别，每件扣 5 分<br>（4）不会画图形符号，每件扣 5 分 | | |
| 二极管的检测 | 正确使用万用表判别引脚极性及质量好坏 | 50 | （1）万用表使用不正确，每步扣 3 分<br>（2）不会判别引脚极性，每件扣 5 分<br>（3）不会判别质量好坏，每件扣 5 分 | | |
| 安全文明生产 | 违反安全文明生产规程扣 5～20 分 | | | | |
| 时间 | 30 min，每超时 5 min 以内按扣 5 分计算 | | | | |
| 备注 | 除定额时间与安全生产外，其余最高扣分不超过配分数 | | | 成绩 | |

## 五、晶体管的外形和输出特性

晶体管的外形和输出特性如表 4-1-10 所示。

**表 4-1-10　晶体管的外形和输出特性**

| 晶　体　管　外　形 | 晶　体　管　输　出　特　性 |
|---|---|
| 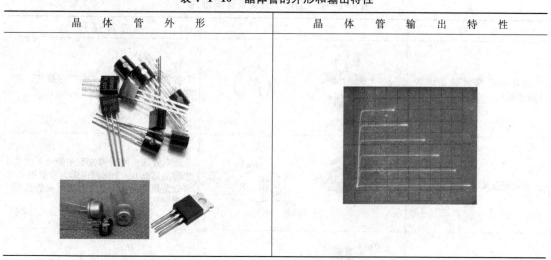 | |

**想一想：**

仔细观察教师的展示，想一想，晶体管与二极管在外形上有什么不同?

**1. 晶体管的结构和符号**

晶体管用符号 T（或 VT）表示，有三个电极，分别为基极、集电极和发射极，分别用符号 B、C、E 表示，如表 4-1-11 所示。

**2. 晶体管分类及管脚排列**

晶体管分类及管脚排列如表 4-1-12 所示。

表 4-1-11　晶体管的结构和符号

| 分　类 | 结　　构 | 符　号 |
|---|---|---|
| NPN 型晶体管 | 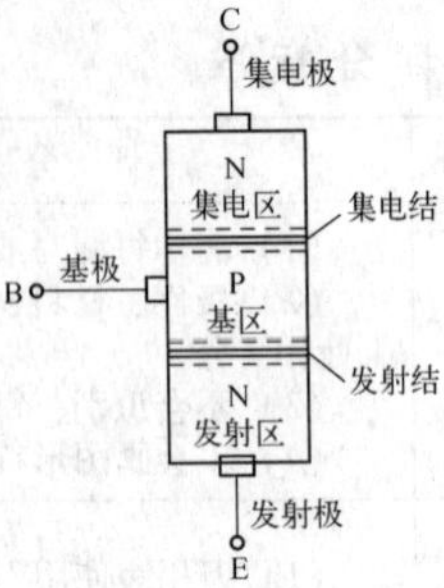 | 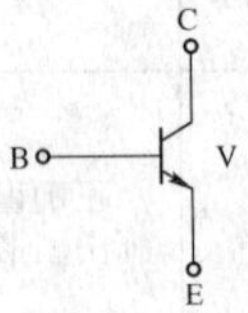 |
| PNP 型晶体管 | 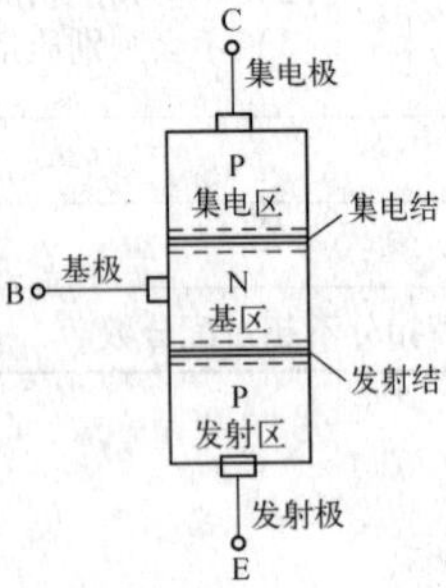 | 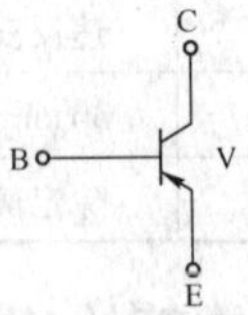 |

表 4-1-12　晶体管分类及管脚排列

| 类　型 | 图　　示 | 管脚排列 |
|---|---|---|
| 大功率金属封装晶体管（圆柱形） |  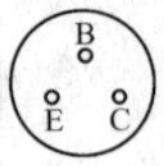 | 将管脚朝向自己，"品"字放正，从左起顺时针方向依次为 E、B、C |
| 大功率金属封装三极管 |  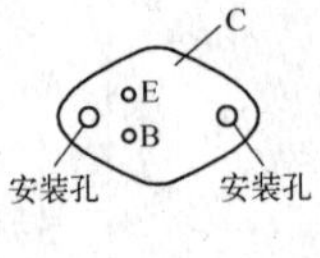 | 面对管底，使引脚位于左侧，下面的引脚是基极 B，上面的引脚为发射极 E，管壳是集电极 E，管壳上两个安装孔用来固定晶体管 |
| 小功率金属封装晶体管 |   | 面对管底，由定位标志起，按顺时针方向，引脚依次为发射极 E、基极 B、集电极 C |
| 中功率塑封晶体管 |  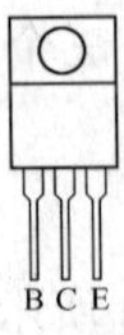 | 面对晶体正面（型号打印面），散热片为管背面，引出线向下，从左至右依次为基极 B、集电极 C、发射极 E |

| 类　型 | 图　示 | 管脚排列 |
|---|---|---|
| 贴片式晶体管 | 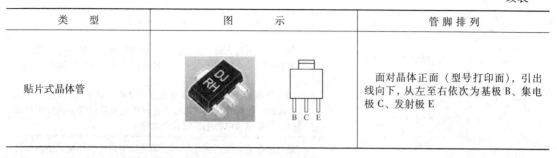<br>B C E | 面对晶体管正面（型号打印面），引出线向下，从左至右依次为基极 B、集电极 C、发射极 E |

### 3. 晶体管的电流分配关系

晶体管的电流分配关系如表 4-1-13 所示。

表 4-1-13　晶体管的电流分配关系

| 名　称 | 公　式 | 说　明 |
|---|---|---|
| 晶体管的电流分配关系 | 发射极电流 = 集电极电流 + 基极电流，即<br>$I_E = I_C + I_B$ | 由于基极电流很小，所以集电极电流与发射极电流近似相等，即<br>$I_C \approx I_E$ |

### 4. 晶体管的电流放大作用

晶体管的电流放大作用如表 4-1-14 所示。

表 4-1-14　晶体管的电流放大作用

| 名　称 | 公　式 | 说　明 |
|---|---|---|
| 晶体管的电流放大作用 | 发射极电流 = 集电极电流 + 基极电流，即<br>$\beta = \Delta I_C / \Delta I_B$ | （1）晶体管集电极电流变化量 $\Delta I_C$ 与相应的基极电流变化量 $\Delta I_B$ 的比值也几乎固定不变，称为共发射极交流电流放大系数，用 $\beta$ 表示<br>（2）当 $I_B$ 有微小的变化时，就引起 $I_C$ 较大的变化，这种现象称为晶体管的电流放大作用 |

### 5. 晶体管的工作特点

晶体管的工作特色如表 4-1-15 所示。

表 4-1-15　晶体管的工作特点

| 区　域 | 截　止　区 | 放　大　区 | 饱　和　区 |
|---|---|---|---|
| 条件 | 发射结反偏或零偏 | 发射结正偏，集电结反偏 | 发射结和基电结都正偏 |
| 特点 | $I_B = 0$，$I_C = 0$ | $I_C = \beta \Delta I_B$ | $I_C$ 几乎不变，不再受 $I_B$ 控制 |

### 6. 晶体管的极限参数

晶体管的极限参数如表 4-1-16 所示。

表 4-1-16　晶体管的极限参数

| 符　号 | 名　称 | 说　明 |
|---|---|---|
| $I_{CM}$ | 集电极最大允许电流 | 集电极电流过大时，晶体管的 $\beta$ 值会降低，一般规定 $\beta$ 值下降到正常值的 2/3 时的集电极电流称为集电极最大允许电流 |
| $U_{(BR)CEO}$ | 集电极 - 发射极反向击穿电压 | 基极开路时，加在集电极和发射极之间的最大允许电压。$U_{CE}$ 大于此值后，$I_C$ 急剧增大，可能造成集电结热击穿。在使用晶体管时，其集电极电源电压应低于此值 |
| $P_{CM}$ | 集电极最大允许耗散功率 | 集电极电流 $I_C$ 流过集电结时会消耗功率而产生热量，使晶体管温度升高。根据晶体管的最高工作温度和散热条件来规定最大允许耗散功率 $P_{CM}$，要求 $P_{CM} \geqslant I_C U_{CE}$ |

### 7. 国产晶体管的型号命名方法

国产晶体管的型号命名方法如表4-1-7所示。

表 4-1-17　国产晶体管的型号命名方法

| 第 一 部 分 | | 第 二 部 分 | | 第 三 部 分 | | 第 四 部 分 | 第 五 部 分 |
|---|---|---|---|---|---|---|---|
| 用数字表示器件的电极数目 | | 用字母表示器件的材料和类性 | | 用拼音字母表示器件的用途 | | 用数字表示器件序号 | 用汉语拼音字母表示区分代号 |
| 符号 | 意义 | 符号 | 意义 | 符号 | 意义 | | |
| 3 | 晶体管 | A<br>B<br>C<br>D<br>E | PNP 锗管<br>NPN 锗管<br>PNP 硅管<br>NPN 硅管<br>化合物材料 | X<br>G<br>D<br>A<br>U | 低频小功率管<br>高频小频率管<br>低频大功率管<br>高频大频率管<br>光电器件 | | |

技能训练

### 一、目的要求

掌握晶体管的测试方法。

### 二、工具及器材

工具及器材如表4-1-18所示。

表 4-1-18　工具及器材

| 序　号 | 名　称 | 规　格 | 数量/只 |
|---|---|---|---|
| 1 | 万用表 | MF47 型 | 1 |
| 2 | 低频小功率管 | 3DG6～12、3AG、3CG | 30 |
| 3 | 高频小频率管 | 3AX、3BX、3DX | 30 |
| 4 | 低频大功率管 | 3DD | 30 |
| 5 | 高频大频率管 | 3DA | 30 |

### 三、训练内容

#### 1. 晶体管的直观识别

（1）识别晶体管外壳上符号的意义。

（2）根据晶体管的型号，识别其极性、材料、类别和用途。

将晶体管直观识别的内容填入表4-1-19中。

表4-1-19　记　录　表

| 序　号 | 型　号 | 材　料 | 类　别 | 用　途 |
| --- | --- | --- | --- | --- |
| | | | | |
| | | | | |
| | | | | |
| | | | | |

## 2. 晶体管的测试

晶体管的测试如表4-1-20所示。

表4-1-20　晶体管的测试

| 名称 | 图　示 | 说　明 |
| --- | --- | --- |
| 基极识别 | | 将万用表置于×100Ω或者×1 kΩ欧姆挡，黑表笔接晶体管的任一管脚，用红表笔分别接其余两只管脚。<br>（1）如果测得的电阻值均较小，则黑表笔所接管脚为基极，管型为NPN型管<br>（2）如果测得的电阻值均较大，则黑表笔所接管脚为基极，管型为PNP型管<br>（3）如果两次测得的电阻值相差很大，则应调换黑表笔所接管脚再测，直到找出基极为止 |
| 确定集电极与发射极 | | 在确定基极后，如果是NPN型管，可以将红、黑表笔分别接在两个未知电极上，表针应指向无穷大处，再用手把基极和黑表笔所接管脚一起捏紧（注意两极不能相碰，即相当于接入一个电阻），记下此时万用表测得的电阻值。然后对调表笔，用同样方法再测得一个电阻值。比较两次结果，读数较小的一次黑表笔所接的管脚为集电极，红表笔所接为发射极。若两次测量表针均不动，则表明晶体管已经失去了放大能力。PNP型管的测量方法与NPN型管相似，但在测量时，应当用手同时捏紧基极和红表笔所接管脚。按上述步骤测两次电阻值，读数较小的一次红表笔所接管脚为集电极，黑表笔所接管脚为发射极 |

## 四、评分标准

评分标准如表4-1-21所示。

表4-1-21　评　分　标　准

| 项目内容 | 要　求 | 配分 | 评分标准 | 扣分 | 得分 |
| --- | --- | --- | --- | --- | --- |
| 晶体管的识别 | 正确识别极性、材料、类别，画出图形符号 | 50 | （1）名称每漏写或者写错1处扣3分<br>（2）电极、材料、类别每漏写或者写错1处，扣3分<br>（3）不会识别，每件扣5分<br>（4）不会画图形符号，每件扣5分 | | |

续表

| 项目内容 | 要　　求 | 配分 | 评分标准 | 扣分 | 得分 |
|---|---|---|---|---|---|
| 晶体管的检测 | 正确使用万用表判别引脚极性及质量好坏 | 50 | （1）万用表使用不正确，每步扣3分<br>（2）不会判别引脚极性，每件扣5分<br>（3）不会判别质量好坏，每件扣5分 | | |
| 安全文明生产 | 违反安全文明生产规程扣5～20分 | | | | |
| 时间 | 30 min，每超时5 min以内按扣5分计算 | | | | |
| 备注 | 除定额时间与安全生产外，其余最高扣分不超过配分数 | | | 成绩 | |

 巩固提高

（1）二极管的电路符号如何绘制？

（2）如何判断二极管的极性？

（3）晶体管的结构及电路符号是什么？

（4）如何判断晶体管的极性？

（5）晶体管的极限参数有哪些？

# 课题二　电子焊接知识

### 学习目标

◆ 掌握电子焊接工具的使用方法。

◆ 熟练进行各种电子器件的焊接。

### 学习内容

焊接在电子产品装配过程中是一项很重要的技术，也是制造电子产品的重要环节之一，如果没有相应的工艺质量保证，任何一个设计精良的电子装置都难以达到设计指标。它在电子产品实验、调试、生产中应用非常广泛，而且工作量相当大，焊接质量的好坏，将直接影响到产品的质量。

## 一、焊接工具

### 1. 电烙铁

电烙铁是电子焊接中最常用的工具，作用是将电能转换成热能对焊接点部位进行加热焊接，具体知识如表4-2-1所示。

### 2. 其他常用工具

焊接常用工具知识如表4-2-2所示。

表 4-2-1 电烙铁的使用知识

| 项目 | 图 示 | 知 识 介 绍 与 说 明 |
|---|---|---|
| 外热式电烙铁 | | 外热式电烙铁是由烙铁头、烙铁芯、外壳、手柄、电源引线、插头等部分组成。由于烙铁头安装在烙铁芯里面，所以称为外热式电烙铁。常用的外热式电烙铁规格有 25 W、45 W、75 W 和 100 W 等 |
| 内热式电烙铁 | | （1）内热式电烙铁的常用规格有 20 W、25 W、50 W 等几种。由于它的热效率高，20 W 内热式电烙铁就相当于 40 W 左右的外热式电烙铁<br>（2）内热式电烙铁具有升温快、质量轻、耗电低、体积小、热效率高的特点，应用非常普遍 |
| 主要结构 | | （1）烙铁芯是电烙铁的关键部件，它是将电热丝平行地绕制在一根空心瓷管上，中间用云母片绝缘，并引出两根导线与 220 V 交流电源连接<br>（2）烙铁芯的电阻值不同，其功率也不相同。25 W 的电阻值为 2 kΩ，45 W 的电阻值约为 1 kΩ，75 W 的电阻值约为 0.6 kΩ，100 W 的电阻值约为 0.5 kΩ。因此，可以用万用表欧姆挡初步判别电烙铁的好坏及功率的大小 |
| | | （3）烙铁头是用紫铜制成的，作用是储存热量和传导热量。烙铁的温度与烙铁头的体积、形状、长短等都有一定的关系<br>（4）当烙铁头的体积比较大时，则保持温度的时间就长些。另外，为适应不同焊接物的要求，烙铁头的形状有所不同，常见的有锥形、凿形、圆斜面形等 |
| 其他常用的电烙铁 | | （1）吸锡电烙铁是将活塞式吸锡器与电烙铁融为一体的拆焊工具。它具有使用方便、灵活、适用范围宽等特点，但不足之处是每次只能对一个焊点进行拆焊<br>（2）吸锡电烙铁的使用方法是：接通电源，预热 3～5 min，然后将活塞柄推下并卡住，把吸头前端对准欲拆焊的焊点，待焊锡熔化后按下按钮，活塞便自动上升，焊锡即被吸进气筒内。另外，吸锡器配有两个以上直径不同的吸头供选择，以满足不同线径的元器件引线拆焊的需要。每次使用完毕后，要推动活塞三四次，以清除吸管内残留的焊锡，使吸头与吸管畅通，以便下次使用 |
| | | 在恒温电烙铁的电烙铁头内，装有带磁铁式的温度控制器，通过控制通电时间而实现温控。电烙铁通电时，温度上升，当达到预定的温度时，因强磁体传感器达到了居里点而磁性消失，从而使磁心触点断开，这时便停止向电烙铁供电；当温度低于强磁体传感器的居里点时，强磁体便恢复磁性，并吸动磁心开关中的永久磁铁，使控制开关的触点接通，继续向电烙铁供电。如此循环往复，便能达到恒温的效果 |
| 电烙铁的选用 | | 选用电烙铁时，应考虑以下几个方面：<br>（1）焊接集成电路、晶体管及其他受热易损元器件时，应选用 20 W 内热式或 25 W 外热式电烙铁<br>（2）焊接导线及同轴电缆时，应选用 45～75 W 外热式烙铁或 50 W 内热式电烙铁<br>（3）焊接较大的元器件时，如大电解电容器的引线脚、金属底盘接地焊片等，应选用 100 W 以上的电烙铁 |

| 项 目 | 图　　示 | 知 识 介 绍 与 说 明 |
|---|---|---|
| 电烙铁的握持方法 | | 反握法就是用 5 个手指把电烙铁的手柄握在掌内。此法适用于大功率电烙铁，焊接散热量较大的被焊件 |
| | | 正握法使用的电烙铁功率也比较大，且多为弯形烙铁头 |
| | | 握笔法适用于小功率的电烙铁，焊接散热量小的被焊件，如收音机、电视机电路的焊接和维修等 |
| 新烙铁的处理方法 | | 新烙铁在使用前的处理。新烙铁使用前必须先给烙铁头镀上一层焊锡。具体方法：先把烙铁头锉成需要的形状，然后接上电源，当烙铁头温度升至能熔化锡时，将松香涂在烙铁头上，再涂上一层焊锡，直至烙铁头的刃面部挂上一层锡，便可使用 |
| 使用注意事项 | | （1）电烙铁不使用时不宜长时间通电。因为这样容易使电热丝加速氧化而烧断，同时也将使烙铁头因长时间加热而氧化，甚至被烧"死"，不再"吃锡"<br>（2）电烙铁在焊接时，最好选用松香焊剂，以保护烙铁头不被腐蚀。烙铁应放在烙铁架上，轻拿轻放，不要将烙铁头上的焊锡乱甩<br>（3）更换烙铁芯时要注意引线不要接错，因为电烙铁有 3 个接线柱，而其中一个是接地的，它直接与外壳相连。若接错引线，可能使电烙铁外壳带电，被焊件也会带电，这样就会发生触电事故<br>（4）为延长烙铁头的使用寿命，第一，应经常用湿布、浸水海绵擦拭烙铁头，以保持烙铁头良好的挂锡状态，并可防止残留助焊剂对烙铁头的腐蚀。第二，在进行焊接时，应采用松香或弱酸性助焊剂。第三，在焊接完毕时，烙铁头上的残留焊锡应该继续保留，以防止再次加热时出现氧化层 |
| 电烙铁常见故障的维修 | | （1）烙铁通电后不热：遇到此故障时可以用万用表的欧姆挡测量插头的两端，如果表针不动，说明有断路故障。当插头本身没有故障时，即可卸下胶木柄，再用万用表测量烙铁芯的两根引线，如果表针仍不动，说明烙铁芯损坏，应更换新的烙铁芯。更换烙铁芯的方法：将固定烙铁芯引线螺钉松开，将引线卸下，把烙铁芯从连接杆中取出，然后将新的同规格烙铁芯插入连接杆将引线固定在螺线上，并注意将烙铁芯多余引丝头剪掉，以防止两引线短路<br>当测量插头的两端时，如果万用表的表针指示接近零欧姆，说明有短路故障，故障点多为插头内短路，或者是防止电源引线转动的压线螺钉脱落，致使接在烙铁芯引线柱上的电源线断开而发生短路，当发现短路故障时，应及时处理，不能再次通电<br>（2）烙铁头不上锡：烙铁头经过长时间使用后，就会因氧化而不沾锡，这就是"烧死"现象，也称作不"吃锡"。当出现不"吃锡"的情况时，可用细砂纸或锉头重新打磨或锉成新茬，然后重新镀上焊锡就可继续使用<br>（3）烙铁头出现凹坑：当电烙铁使用一段时间后，烙铁头就会出现凹坑，或氧化腐蚀层，使烙铁头的刃面形状发生了变化。遇到此种情况时，可用锉刀将氧化层及凹坑锉掉，并锉成原来的形状，然后镀上锡，就可以重新使用 |

表 4-2-2　其他常用工具

| 项　目 | 图　示 | 说　明 |
|---|---|---|
| 尖嘴钳 | | 尖嘴钳的头部较细，适用于夹小型金属零件或弯曲元器件引线，不宜用于敲打物体或夹持螺母 |
| 平嘴钳 | | 小平嘴钳的钳口平直，可用于夹弯元器件管脚与导线。因其钳口无纹路，所以用它对导线拉直、整形比尖嘴钳适用。但因钳口较薄，不宜夹持螺母或需施力于较大部位 |
| 斜口钳 | | 用于剪焊后的线头，也可与尖嘴钳合用，剥导线的绝缘皮 |
| 镊子 | | 尖嘴镊子用于夹持较细的导线，以便于装配焊接 |
| | | 圆嘴镊子用于弯曲元器件的引线和夹持元器件焊接等，并有利于散热 |

## 二、焊料与焊剂

焊料与焊剂知识如表 4-2-3 所示。

表 4-2-3　焊料与焊剂

| 项　目 | 图　示 | 说　明 |
|---|---|---|
| 焊料 | | （1）焊料是指易熔的金属及其合金，作用是将被焊物连接在一起。它的熔点比被焊物的熔点低，而且易于与被焊物连为一体<br>（2）焊料按组成成分划分，有锡铅焊料、银焊料、铜焊料；按使用的环境温度分，有高温焊料和低温焊料。熔点在 450 ℃ 以上的称为硬焊料；熔点在 450 ℃ 以下的称为软焊料<br>（3）在电子产品装配中，一般都选用锡铅系列焊料，也称焊锡。其形状有圆片、带状、球状、焊锡丝等几种。常用的是焊锡丝，在其内部夹有固体焊剂松香。焊锡丝的直径有 4 mm、3 mm、2 mm、1.5 mm 等规格<br>（4）焊锡在 180 ℃ 时便可熔化，使用 25 W、热式或 20 W 内热式电烙铁便可以进行焊接。它具有一定的机械强度，导电性能、抗腐蚀性能良好，对元器件引线和其他导线的附着力强，不易脱落。因此，在焊接技术中得到了极其广泛的应用 |

| 项　目 | 图　　　示 | 说　　　明 |
|---|---|---|
| 焊剂 | 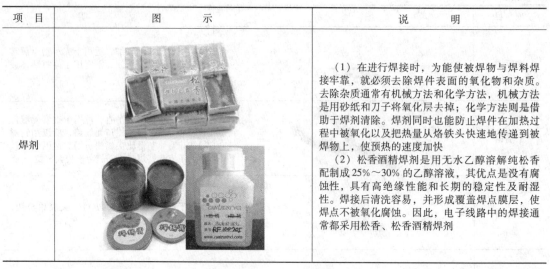 | （1）在进行焊接时，为能使被焊物与焊料焊接牢靠，就必须去除焊件表面的氧化物和杂质。去除杂质通常有机械方法和化学方法，机械方法是用砂纸和刀子将氧化层去掉；化学方法则是借助于焊剂清除。焊剂同时也能防止焊件在加热过程中被氧化以及把热量从烙铁头快速地传递到被焊物上，使预热的速度加快<br>（2）松香酒精焊剂是用无水乙醇溶解纯松香配制成25%～30%的乙醇溶液，其优点是没有腐蚀性，具有高绝缘性能和长期的稳定性及耐湿性。焊接后清洗容易，并形成覆盖焊点膜层，使焊点不被氧化腐蚀。因此，电子线路中的焊接通常都采用松香、松香酒精焊剂 |

## 三、焊接工艺

在电子设备整机装配和维修过程中，焊接技术直接影响其质量和速度。如果不按工艺要求，草率焊接和拆焊，往往会带来元器件虚焊、假焊焊盘脱落等问题，甚至有可能损坏元器件，所以熟练掌握电烙铁的焊接工艺非常重要。焊接工艺与步骤如表4-2-4所示。

表4-2-4　焊接工艺与步骤

| 项　目 | 图　　　示 | 操 作 说 明 |
|---|---|---|
| 焊接前准备 | 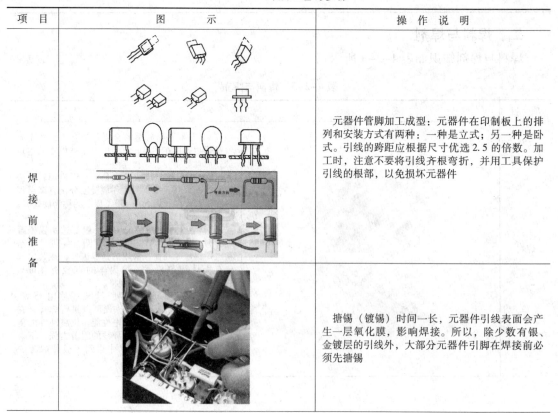 | 元器件管脚加工成型：元器件在印制板上的排列和安装方式有两种：一种是立式；另一种是卧式。引线的跨距应根据尺寸优选2.5的倍数。加工时，注意不要将引线齐根弯折，并用工具保护引线的根部，以免损坏元器件 |
|  |  | 搪锡（镀锡）时间一长，元器件引线表面会产生一层氧化膜，影响焊接。所以，除少数有银、金镀层的引线外，大部分元器件引脚在焊接前必须先搪锡 |

| 项　目 | 图　　示 | 操 作 说 明 |
|---|---|---|
| 焊<br>接<br>步<br>骤 | | 　准备好被焊元件，把电烙铁加热到工作温度，保持烙铁头干净并吃好锡，一手握电烙铁，一手拿焊锡丝，烙铁头和焊锡丝同时移向焊接点，并分别处于被焊元件两侧一定距离（5～10 mm）处等待 |
| | | 　待烙铁温度合适后轻压在被焊元件及焊盘处，使被焊元件端子及焊盘在内的整个焊件全部均匀受热。一般让烙铁头部分（较大部分）接触热容量较大的焊件，烙铁头侧面或边缘部分接触热容量较小的焊件，以保持焊件均匀受热，注意不要随意拖动烙铁 |
| | | 　当被焊部位升温到焊接温度时，将焊锡丝从电烙铁对面接触焊件，熔化焊锡 |
| | 撤离焊锡丝 | 　当焊锡丝熔化到一定量，能包围焊点占满焊盘，即送锡量一般以能全面润湿整个焊点为佳，迅速移去焊锡丝 |
| | 撤离焊烙铁 | 　移去焊料后，迅速移去电烙铁（电烙铁和焊盘成45°角的方向撤离）。撤掉电烙铁时要干脆，以免形成拉尖，同时电烙铁应轻轻旋转一下，以便吸收多余的焊料 |

续表

| 项　目 | 图　　示 | 操　作　说　明 |
|---|---|---|
| 焊接操作手法 | （1）错误<br>（2）正确 | （1）采用正确的加热方法：根据焊件形状选用不同的烙铁头，尽量要让烙铁头与焊件形成面接触而不是点接触或线接触，这样能大大提高效率。不要用烙铁头对焊件加力，这样会加速烙铁头的损耗和造成元件损坏<br>（2）加热要靠焊锡桥。所谓焊锡桥，就是靠烙铁上保留少量焊锡作为加热时烙铁头与焊件之间传热的桥梁，但作为焊锡桥的锡保留量不可过多 |
|  | （1）　（2）　（3）　（4）　（5） | 采用正确的撤离烙铁方式。烙铁撤离要及时，而且撤离时的角度和方向对焊点的成型有一定影响。<br>（1）烙铁轴向45°撤离<br>（2）向上撤离拉尖<br>（3）水平方向撤离，焊锡挂在烙铁上<br>（4）垂直向下撤离，烙铁头吸除焊锡<br>（5）垂直向上撤离，烙铁头上不挂锡 |
|  | （1）　（2）　（3） | 焊锡量要合适。焊锡量过多容易造成焊点上焊锡堆积并容易造成短路，且浪费材料。焊锡量过少，容易焊接不牢，使焊件脱落。另外，在焊锡凝固之前不要使焊件移动或振动，不要使用过量的焊剂和用已热的烙铁头作为焊料的运载工具 |
| 导线同接线端子的焊接 |  | 绕焊：把经过镀锡的导线端头在接线端子上缠一圈，用钳子拉紧缠牢后进行焊接，这种焊接可靠性最好 |
|  |  | 钩焊：将导线端子弯成钩形，钩在接线端子上并用钳子夹紧后焊接，这种焊接操作简便，但强度低于绕焊 |
|  |  | 搭焊：把镀锡的导线端搭到接线端子上施焊，此种焊接最简便，但强度可靠性最差，仅用于临时连接等 |

| 项 目 | 图 示 | 操 作 说 明 |
|---|---|---|
| 导线与导线的焊接 | 绞合焊接 整形 热缩变管 (1) 粗细不等的两根线 (2) 相同的两根线 (3) 简化接法 | 导线之间的焊接以绕焊为主,操作步骤如下: (1) 去掉一定长度的绝缘外层 (2) 端头上锡,并套上合适的绝缘套管 (3) 绞合导线,施焊 (4) 趁热套上套管,冷却后套管固定在接头处 此外,对调试或维修中的临时线,也可采用搭焊的办法 |
| 对焊接的要求 | | (1) 焊点的机械强度要满足需要。为了保证足够的机械强度,一般采用把被焊元器件的引线端子打弯后再焊接的方法,但不能用过多的焊料堆积,以防止造成虚焊或焊点之间短路 (2) 焊接可靠,保证导电性能良好。为保证有良好的导电性能,必须防止虚焊 (3) 焊点表面要光滑、清洁。为使焊点美观、光滑、整齐,不但要有熟练的焊接技能,而且要选择合适的焊料和焊剂,否则将出现表面粗糙、拉尖、棱角现象。其次,烙铁的温度也要保持适当 |

## 技能训练

### 一、目的要求

焊接基本功训练。

### 二、工具及器材

(1) 工具:镊子、螺钉旋具、尖嘴钳、斜口钳、剥线钳、电工刀、万用表等。

(2) 器材:实验板、导线、电子元件等。

### 三、训练内容

完成焊接练习。

### 四、训练步骤

(1) 在实验板焊盘上焊接圆点。

(2) 在实验板上进行直插铜丝的焊接。

(3) 练习导线与导线之间的焊接。

(4) 练习导线与端子之间的焊接。

**安全提示:**

(1) 焊点要圆润、光滑,焊锡适中,没有虚焊。

(2) 导线剖削方法要正确,导线连接方法要牢固。

### 五、评分标准

评分标准如表4-2-5所示。

表4-2-5 评分标准

| 项目内容 | 配分 | 评 分 标 准 | 扣分 | 得分 |
|---|---|---|---|---|
| 实验板上焊接圆点 | 30 | 虚焊、焊点毛糙,每点扣5分 | | |
| 实验板上焊接铜丝 | 30 | 虚焊、焊点毛糙,每点扣5分 | | |
| 导线之间的焊接 | 20 | 虚焊、焊点毛糙,每处扣5分 | | |
| 导线与端子的焊接 | 20 | 虚焊、焊点毛糙,每处扣5分 | | |
| 安全文明生产 | | 违反安全文明生产规程扣5~20分 | | |
| 定额时间90 min | | 每超时5 min以内按扣5分计算 | | |
| 备注 | | 除定额时间与安全生产外,其余最高扣分不超过配分 | 成绩 | |

 **巩固提高**

（1）焊接的基本步骤是什么？

（2）电烙铁的基本结构和各部分的作用是什么？

（3）助焊剂的作用什么？

（4）新的电烙铁应该如何处理？

（5）使用电烙铁焊接时应注意哪些问题？

# 课题三　单相桥式整流滤波电路的安装与调试

## 学习目标

◆ 掌握单相桥式整流滤波电路的工作原理。

◆ 掌握单相桥式整流滤波电路的安装方法。

◆ 掌握单相桥式整流滤波电路的调试方法。

## 学习内容

将交流电转换为直流电的过程称为整流，单相整流电路整流后得到是脉动直流电压，其中含有较多的交流成分，为保证供电质量，需滤除掉其中的交流成分，保留直流成分，即将脉动变化的直流电变为平滑的直流电，这就是滤波。单相整流滤波电路用于将电网交流电压 220 V 进行整流，变成脉动直流电压，然后滤波，输出较为平滑的直流电。常见的整流电路有单相半波整流电路、单相全波整流电路和单相桥式整流电路等几种。

### 一、电路图

在整流滤波电路中，单相桥式整流滤波电路应用最为广泛，单相桥式整流滤波电路实物及原理图如表 4-3-1 所示。

表 4-3-1　单相桥式整流电路

| 实　物　图 | 电　气　原　理　图 |
| --- | --- |
| 输入端 | IN4004×4<br>A　VD$_1$　VD$_2$　S$_1$　S$_2$　+<br>T<br>$u_1$　$u_2$ 15V<br>VD$_3$　VD$_4$　$u_o$<br>220V<br>B　C 470μF/50V　R$_L$ 10kΩ　− |

分别操作开关 S$_1$、S$_2$，使用示波器观察单相桥式整流电路的输出波形，如表 4-3-2 所示。试比较一下两次波形之间的区别。

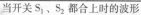

表 4-3-2 单相桥式整流电路

| 当开关 S₁ 断开，S₂ 合上时的波形 | 当开关 S₁、S₂ 都合上时的波形 |
|---|---|
| 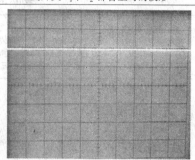 | |

**想一想：**

开关 S₁ 断开前后，输出波形发生了哪些变化？

## 二、电路原理与分析

电路分析如表 4-3-3 所示。

表 4-3-3 电路原理与分析

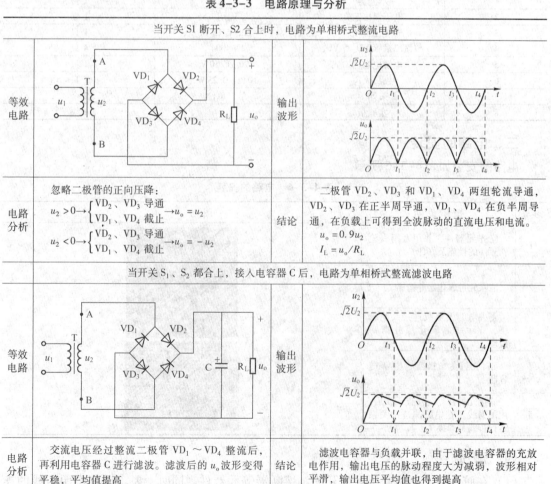

| | 当开关 S1 断开、S2 合上时，电路为单相桥式整流电路 | | |
|---|---|---|---|
| 等效电路 | | 输出波形 | |
| 电路分析 | 忽略二极管的正向压降：$u_2 > 0 \rightarrow \begin{cases} VD_2、VD_3 导通 \\ VD_1、VD_4 截止 \end{cases} \rightarrow u_o = u_2$ <br> $u_2 < 0 \rightarrow \begin{cases} VD_2、VD_3 导通 \\ VD_1、VD_4 截止 \end{cases} \rightarrow u_o = -u_2$ | 结论 | 二极管 $VD_2$、$VD_3$ 和 $VD_1$、$VD_4$ 两组轮流导通，$VD_2$、$VD_3$ 在正半周导通，$VD_1$、$VD_4$ 在负半周导通，在负载上可得到全波脉动的直流电压和电流。 $u_o = 0.9u_2$ $I_L = u_o/R_L$ |
| | 当开关 S₁、S₂ 都合上，接入电容器 C 后，电路为单相桥式整流滤波电路 | | |
| 等效电路 | | 输出波形 | |
| 电路分析 | 交流电压经过整流二极管 $VD_1 \sim VD_4$ 整流后，再利用电容器 C 进行滤波。滤波后的 $u_o$ 波形变得平稳，平均值提高 | 结论 | 滤波电容器与负载并联，由于滤波电容器的充放电作用，输出电压的脉动程度大为减弱，波形相对平滑，输出电压平均值也得到提高 |

单相桥式整流电路经过电容滤波器后，有关电压和电流的估算可参考表4-3-4。

表4-3-4 电压电流估算表

| 整流电路形式 | 输入交流电压（有效值） | 整流电路输出电压 | | 整流器件上的电压和电流 | |
|---|---|---|---|---|---|
| | | 负载开路时的电压 | 带负载时的电压（估计值） | 最大反向电压 $U_{RM}$ | 通过的电流 $I_F$ |
| 桥式整流 | $U_2$ | $\sqrt{2}\,U_2$ | $1.2U_2$ | $\sqrt{2}\,U_2$ | $0.5I_L$ |

### 技能训练

## 一、目的要求

掌握单相桥式整流电路的焊接技能。

## 二、工具及器材

工具及器材如表4-3-5所示。

表4-3-5 工具及器材

| 序 号 | 名 称 | 规 格 | 数 量 |
|---|---|---|---|
| 1 | 示波器 | 通用 | 1 台 |
| 2 | 电子焊接工具 | 通用 | 1 套 |
| 3 | 变压器 T | 220 V/15 V | 1 只 |
| 4 | 整流二极管 $VD_1 \sim VD_4$ | IN 4004 | 4 只 |
| 5 | 电解电容器 C | 470 μF/50 V | 1 只 |
| 6 | 电阻器 $R_L$ | 10 kΩ/0.25 W | 1 只 |
| 7 | 开关 $S_1$、$S_2$ | 单刀单位 | 2 个 |
| 8 | 实验板 | | 1 块 |

## 三、电路的安装

电路的安装如表4-3-6所示。

表4-3-6 电路的安装

| 步骤 | 操作说明 | 图 示 |
|---|---|---|
| 1 | 配齐元器件，并用万用表检验元件的性能及好坏 | |
| 2 | 清除元件氧化层并搪锡 | |
| 3 | 剥去电源及负载连接线绝缘层，清除线芯氧化层并搪锡处理 | |
| 4 | 正向连接二极管、电解电容器 | |
| 5 | 插接元器件，经检查无误后，用硬铜线根据电路间连接关系进行布线并焊接 | |

## 四、测试

（1）在胶木板上安装变压器、开关、熔断器等元器件。同时，要求做好电源引线的连接和电路板交流输入端的连接。

（2）检查各元器件有无错焊、漏焊和虚焊等情况，并判断接线是否正确。

（3）接通电源，观察有无异常情况，在开关 $S_1$ 和 $S_2$ 处于各种状态时，将万用表的量程转换开关置于直流 50 V 挡，用万用表测量输出电压的平均值。测量时，红表笔接输出端正极，黑表笔接输出端负极，空载输出电压应为 18 V 左右。

## 五、故障维修

输出电压不正常，故障现象及原因如表 4-3-7 所示。

表 4-3-7 故障现象的原因

| 故 障 现 象 | 故 障 原 因 |
|---|---|
| 输出电压不稳定 | 检查电源电压是否波动。输出电压应随电源电压的上升而上升，随电源电压的下降而下降 |
| 输出电压为 13.5 V 左右 | 滤波电容脱焊或已损坏 |
| 输出电压为 6.7 V 左右 | 说明除滤波电容器脱焊或已损坏外，整流桥某个臂脱焊或有一只二极管断路 |
| 输出电压为 0 V，变压器又无异常发热现象 | 电源变压器一次绕组或二次绕组已断开或未接妥，或是熔断器已熔断，也可能是电源与整流桥未接妥 |
| 接通电源后，熔断器立即熔断 | 电源变压器一次绕组或二次绕组已短路，或是整流桥中一只二极管反接，或是滤波电容器短路。此时应立即切断电源，查明原因。仅 $FU_1$ 熔断为一次侧短路。$FU_1$、$FU_2$ 同时熔断多为二次侧短路，仅 $FU_2$ 熔断的主要原因是 $C_1$ 短路或二极管反接等 |

**安全提示：**

（1）焊接元件时，可用镊子捏住焊件的引线，这样既方便焊接又有利于散热。

（2）不可出现虚假焊接及漏焊现象，一经发现应及时纠正。

## 六、评分标准

评分标准如表 4-3-8 所示。

表 4-3-8 评 分 标 准

| 项目内容 | 配分 | 评 分 标 准 | 扣分 | 得分 |
|---|---|---|---|---|
| 电路接线 | 20 | 接线不正确，每处扣 5 分 | | |
| 元件布局 | 20 | 布局不合理，每处扣 5 分 | | |
| 元件排列 | 10 | 排列不整齐，每处扣 2 分 | | |
| 焊点质量 | 20 | 虚焊、漏焊，每处扣 10 分<br>焊点粗糙，每处扣 5 分 | | |
| 调试电压 | 20 | 测试电压，量程置错，每处扣 10 分 | | |
| 安全文明生产 | 10 | 违反安全文明生产规程扣 3～10 分 | | |
| 定额时间 120 min | | 每超时 5 min 以内按扣 5 分计算 | | |
| 备注 | | 除定额时间外，其余最高扣分不超过配分数 | 成绩 | |

### 巩固提高

（1）单相桥式整流滤波电路的工作原理是什么？

（2）焊接二极管及电容器时应注意什么？

# 参 考 文 献

[1] 刘仁宇. 模拟电子 [M]. 北京：机械工业出版社，1998.

[2] 王建. 维修电工技能训练 [M]. 4版. 北京：中国劳动社会保障出版社，2007.

[3] 王兰君，张景皓. 看图学电工技能 [M]. 北京：人民邮电出版社，2004.

[4] 李建新. 模拟电子电路 [M]. 北京：中国劳动社会保障出版社，2007.

[5] 赵德申. 建筑电气照明技术 [M]. 北京：机械工业出版社，2012.